现代农业产业技术体系建设专项资助

冬小麦-夏玉米农田墒情预测与灌溉预报

刘战东　高　阳　段爱旺　著

U0253398

黄河水利出版社

·郑　州·

内 容 提 要

本书对冬小麦、夏玉米的需水特征、降水有效利用量化、农田墒情预测及灌溉预报进行了详细的阐述,并从气象信息、作物生长发育状况和土壤墒情等方面提出了解决适时适量科学灌溉的技术途径。主要内容包括:国内外研究进展、冬小麦-夏玉米需水规律及高效用水制度、主要农作物耗水量预测模型的构建、降水的随机模拟、降水有效利用过程及其模拟、农田墒情预测模型的应用与验证、基于反推法的冬小麦和夏玉米灌溉预报系统构建等。

本书可供从事农业、水利科技推广的技术人员以及相关领域的研究人员参考。

图书在版编目(CIP)数据

冬小麦-夏玉米农田墒情预测与灌溉预报/刘战东,高阳,段爱旺著. —郑州:黄河水利出版社,2022.4
ISBN 978-7-5509-3270-8

Ⅰ.①冬… Ⅱ.①刘… ②高… ③段… Ⅲ.①黄淮海平原-冬小麦-土壤含水量-研究②黄淮海平原-玉米-土壤含水量-研究③黄淮海平原-冬小麦-灌溉-研究④黄淮海平原-玉米-灌溉-研究 Ⅳ.①S512②S152.7③S513

中国版本图书馆 CIP 数据核字(2022)第 065713 号

组稿编辑:王路平　电话:0371-66022212　E-mail:hhslwlp@163.com
　　　　　田丽萍　　　　　66025553　　　　　912810592@qq.com

出 版 社:黄河水利出版社　　　　　　　　　　网址:www.yrcp.com
　　　地址:河南省郑州市顺河路黄委会综合楼14层　邮政编码:450003
发行单位:黄河水利出版社
　　　发行部电话:0371-66026940、66020550、66028024、66022620(传真)
　　　E-mail:hhslcbs@126.com
承印单位:河南新华印刷集团有限公司
开本:787 mm×1 092 mm　1/16
印张:12.25
字数:280 千字
版次:2022 年 4 月第 1 版　　　　　　　　印次:2022 年 4 月第 1 次印刷

定价:80.00 元

前　言

　　旱灾是威胁我国农业生产的主要自然灾害。在干旱灾害的防治方面,墒情监测无论是在掌握区域性旱情分布及受旱程度上,还是在水资源日益紧缺情况下的农业用水管理上,都是一个十分重要的指标;根据土壤墒情及气象观测资料,可以及时了解旱灾的分布及旱情的严重程度,从而为建立农业生产的保障体系和抗旱减灾服务。目前,一些基层单位和上级决策部门缺乏应有的实时墒情信息,往往等旱情发展到一定程度才组织抗旱灌"救命水",贻误了适时灌溉的良机;也有的是灌后遇雨加重了涝渍灾害,不仅增加了灌溉投入,而且导致农作物不同程度的减产,达不到应有的投入和资源效应。当前应当转变传统的农田灌溉观念,利用高新技术适时指导农民进行节水灌溉。要进行节水灌溉就有必要了解作物的需水量与需水规律以及节水高效灌溉制度,同时需要及时掌握土壤墒情,并开展灌溉预报,使作物得到适时适量的灌溉。监测土壤墒情,同时与当时当地的作物需水量相结合,是确定灌溉用水、精确管理田间用水的最有效和最直接的方法。目前,发达国家的先进灌区都是根据气象观测资料、土壤墒情资料、作物长势资料确定作物的灌溉水量及灌溉时间,及时提供用水信息,从而使农业灌溉管理更加科学化、精确化,达到农业用水的科学管理和节水的目的。

　　本书密切结合我国农田灌溉用水现状,对作物耗水规律、降水有效利用、农田墒情预测及灌溉预报方法进行了较为系统的研究。全书共分七章,主要内容包括:不同时期的水分亏缺对冬小麦和夏玉米生长发育、耗水量及产量的影响;建立冬小麦和夏玉米产量与耗水量的关系模型,确定作物不同生育阶段的水分敏感指数以及需水关键期;运用动态规划方法构建不同水文年型冬小麦和夏玉米的优化灌溉制度。研究土壤墒情监测的布点方法,确定合理的取样数目。同时,在分析比较国内外现有农田墒情预测与灌溉预报方法的基础上,提出系统的灌溉预报方法及相关数据(特别是气象数据)的处理方案。在此基础上,结合所在区域实际天气预报及作物生长情况,开展实时灌溉预报工作。同时结合实测土壤墒情,对系统的精度进行考核,对整个系统的运行情况进行验证、完善,提出灌溉预报结果的发布模式,使预报结果紧密结合生产实际,用于指导生产实际。

　　本书在编写过程中得到了焦作市广利灌区管理局、新乡市农业科学院的大力支持和帮助,许多同志参与了本书的调研和试验工作。另外,本书在编写过程中还引用了大量的参考文献。在此,谨向为本书的完成提供支持和帮助的单位、所有研究人员和参考文献的作者表示衷心的感谢!

　　由于作者水平有限,书中难免存在不妥之处,敬请读者批评指正。

作　者
2022 年 2 月

目　录

第一章　国内外研究进展

第一节　土壤墒情监测技术

土壤墒情的监测有多种方法,不同的测定方法需要的仪器设备不同,监测原理各异,测定精度也有差异,监测所需的成本也有所不同。土壤墒情监测的主要方法有以下几种。

一、取土烘干法

取土烘干法是当前测定土壤含水量最常用的一种方法,它简单易行,有足够的精度,是土壤水分测定的基本方法,也是其他检验方法(比如仪器测定方法)与其对比的基础,但是使用此类方法在进行连续土壤水分的测定时,必须不断地变动取土点,由于土壤本身的变异性,测定结果往往发生很大差异。因此,由于土样不能原位复原,较难用于监测土壤水分的动态变化。

二、中子仪法

利用中子仪测定土壤含水量,不必取土样,不破坏土壤结构,并可定点连续监测,且快速准确,无滞后现象。但利用中子仪测定时,室内外曲线差异较大,且土壤质地不同都会造成曲线较大的移动,因此在不同的测定地点需要通过取土法进行标定。中子仪虽能长期定点监测土壤水分动态变化,但其垂直分辨率较差,且表层含水量不易准确测定,同时中子仪价格昂贵,特别是辐射危害健康,因此不能被广泛应用。

三、γ 射线透射法

γ 射线透射法利用放射源^{137}Cs 放射出 γ 射线,用探头接收 γ 射线透过土体后的能量,通过换算得到土壤含水量。γ 射线透射法与中子仪法有许多相同的优点,如快速、准确,不破坏土壤结构,能连续定点监测,且 γ 射线比中子仪的垂直分辨率更高;然而,与中子仪相类似,同样存在安全问题,使其应用不便,目前很少使用。

四、张力计法

张力计只能测定土壤的基质势,只有已知土壤水分特征曲线才能求得土壤含水量。它监测的是土壤对水分的吸附能力,测定结果适用于土壤–植物–大气连续体(SPAC)水分运移规律研究,也可配备于自动控制灌溉系统。其存在的问题一是其难以直接测定土壤水分含量,二是土壤较为干燥时适用性较差,特别不适用于移动多点观测,因此实际应用上受到很大局限。

五、TDR法

TDR是根据高频电磁脉冲沿传输线在土壤中传播的速度依赖于土壤的介电特性和土壤含水量而设计的。由于它具有快速、准确、连续测定等优点,在国外已成为测定土壤含水量的常规方法之一。该方法在多点多层次测定时需要埋设较多的探针,这样成本较高,增加了测定的难度。此外,为了提高测量准确度,在安装TDR探针时,要紧贴被测物,在探针周围不要留有空隙。黏土的龟裂出现时会在探针接触处形成裂缝,裂缝会给测量准确度带来一定的误差,有时会出现零值,测不出读数。

为了降低成本、方便测定,近年来,在早期TDR的基础上开发了TRIME-IPH土壤水分剖面测定仪。TRIME与TRASE相比,在测定土壤含水量的精度方面稍有不足,但价格要低很多,并且有针式和管式两个类型的传感器,既可用于埋设定位测定,又可通过预埋的探管实现定位土壤剖面水分状况的监测。但其测定结果具有方向性,由于不同方向土壤与导管接触程度的差异以及土壤本身的差异导致不同方向监测的结果有所不同。

六、驻波比法

驻波比法是基于微波理论中的驻波原理确立的土壤水分测量方法,它不再利用高速延迟线测量入射–反射时间差 ΔT ,而是测量它的驻波比。目前,市场上销售的基于SWR原理的土壤水分测量设备主要有英国开发的ML2x土壤水分传感器、澳大利亚生产的MP406土壤水分传感器,以及中国农业大学信息与电气工程学院传感器与检测技术研究所研制、北京智海电子仪器厂有限公司生产的SWR系列土壤水分传感器。

第二节　作物需水量估算

在农田水分研究中,作物需水量是指在最适宜的土壤水分和肥力条件下,在田间正常生长发育、无病虫害并达到高产水平的特定作物的需水量。农田实际需水量是指在实际农田土壤水分条件下,作物棵间蒸发和蒸腾之和。农田作物蒸散与土壤水分运动、植物水分传输及其与大气间的水汽交换密切相关,是联系土壤–植物–大气连续体(SPAC)内各子系统的重要环节。农田作物需水量的研究对认识地气水分循环和大气边界层内下垫面的湍流输送特征、预报作物生长潜势、农田灌水决策制定和实施,以及科学利用水资源等具有十分重要的意义。

国外对作物需水量的计算与模拟做了大量试验研究,已取得了一系列成果,提供了多种理论和经验的计算方法。Dalton(1802)提出了道尔顿蒸发计算公式,使蒸发的理论计算具有明确的物理意义,对近代蒸发理论的创立有着决定性的作用。Bowen(1926)从能量平衡方程出发,提出了计算需水量的波文比–能量平衡法。Thornthwatie 和 Holzman(1939)利用近地面边界层相似理论,提出了计算蒸发的空气动力学法。Penman 和 Thornthwatie(1948)同时提出了蒸发力的概念及相应的计算公式。20世纪50年代苏联学者提出大区域平均蒸发量的气候学估算公式及水量平衡法。Pruitt 和 Angus(1960)提出,当土壤中零通量面位置低于观测剖面深度时,可利用中子仪监测土壤水分剖面计算得到一定时间间隔内的作物平均需水量。Monteith(1963)在研究作物的蒸发和蒸腾中引入表面阻力的概念,导出 Penman-Monteith(简称 PM)公式,为非饱和下垫面的蒸散发研究开辟了一条新途径。Ritchie 和 Burnett(1968)采用称重式蒸渗仪测定作物需水量,不仅能获得日腾发值,甚至可得到小时资料。20 世纪 70 年代末,Hillel 等从土壤水分运动规律出发,结合土壤物理学原理来确定需水量,开辟了蒸散计算领域的另一重要分支。20 世纪 60 年代以来,开展了模拟土壤-植物-大气连续体(SPAC)中能量与物质交换过程的研究,能够很好地克服传统方法存在的缺陷,虽然其中一些参数目前还难以精确估计,但在理论上是继 Monteith 1963 年提出的估算模式后,作物需水量计算领域的又一突破,意义重大。

与国外相比,我国对作物需水量计算的研究起步较晚,研究力量较为薄弱。20 世纪 60 年代以来开始重视需水量测定方法的研究。水利部率先在农田上采用水量平衡法测定农田蒸散,以供分析作物需水量和耗水量,但不易得到精确的测定结果。“七五”规划以来,在我国实施了一些国家级科技攻关项目和国家自然科学基金重大项目,大大地推动了我国对作物需水量计算的研究。通过试验取得了大量的观测数据,比较了农田蒸散各类测定方法,探讨了农田蒸散规律,并建立了一些计算模式。中国科学院北京(大屯)农业生态系统试验站和中国科学院红壤生态实验站都把土壤蒸发、农田腾发研究作为一项重要内容,并取得了显著成果;我国卢振民(1987)、康绍忠(1994)、孙景生(1995)、莫兴国(2000)、丛振涛(2004)等许多学者结合中国的实际情况,引用、推导或修正了国外普遍使用的公式,建立一些计算小麦、玉米等作物潜在需水量和实际需水量的计算模式。就实际应用而言,人们更加关心实际需水量的获取,但要得到实际需水量是相当困难的,把点上的测量数值转换到面上则更加困难。尽管如此,以指导农田灌溉为目的,我国的实际蒸发测定工作仍取得了多方面的成果,明确了作物生育阶段对农田蒸散的影响,探讨了土壤有效含水量在总蒸散过程中的作用,对作物蒸腾和棵间蒸发进行了分割等。

开展农田实际需水量的研究,关键是获得农田实际需水量资料。目前,农田实际需水量的获取仍存在许多困难。由于蒸散过程的复杂性,直接测定农田实际需水量比较困难,一般是利用水量平衡原理,通过测定土壤含水量来估算的。受人力物力条件的局限,对农田实际蒸散的测定只能限于有限的固定地段。而随着农田蒸散研究的不断深入,越来越需要获得区域性的连续农田蒸散资料。具体到旱作物农田而言,也要求能更准确地连续监测土壤水分变化状况,并在作物不同发育期做出未来时段的作物水分状况预报,制定出科学的灌溉制度,而这必须建立在对农田种植作物的实际需水量状况有充分了解的基础之上。

第三节　农作物有效降水量的计算

在北方补充灌溉区,实施节水灌溉,一个很重要的方面就是在作物整个生育内实施科学的用水调配。要在掌握作物需水规律的基础上,充分考虑利用自然降水,提高降水利用率,进而制定出科学合理的灌溉制度。降水有效利用量的确定对作物节水灌溉制度的制定有着至关重要的意义。研究天然降水满足作物需水要求的程度,才能准确分析保证作物正常生长需要补充灌溉的水量,为进一步制定作物优化灌溉制度、提高灌溉用水的利用效率提供基础依据。

一、有效降水量的定义及其影响因素

本书所探讨的有效降水量,特指旱作物种植条件下,用于满足作物蒸发蒸腾需要的那部分降水量,它不包括地表径流和渗漏至作物根区以下的部分,也不包括淋洗盐分所需要的降水深层渗漏部分,因为这部分水量没有用于作物的蒸散,应视为无效水。这个定义与水文学的标准定义不同,在水文学领域,关心的主要是降水-产流关系,即把降水产生的径流量作为有效降水量。影响有效降水量的因素多而复杂(Dastane N. G.,1974),不同作物种类、生长阶段、耗水特性、降水特性、土壤特性、地下水埋深及农业耕作管理措施等因素都直接或间接地影响它的大小。

二、有效降水量的研究方法

对于满足作物生育期耗水需求的有效降水量的估算,国内外学者进行了一系列的探讨研究,并总结出了一些方便实用的估算方法。这些方法大致可以分为三类:田间仪器直接测定法、经验公式法和水量平衡法。田间仪器直接测定法和经验公式法的研究和应用在1970年以前是被关注的重点,但计算机技术的快速发展,给这一领域的科研工作者提供了科学计算的便利条件,水量平衡法也逐渐成为众多学者研究的热点(Saxton et al.,1974;Sands et al.,1982)。

对有效降水量的田间测定,包括降水量、地表径流损失、深层渗漏损失,以及由作物蒸腾、蒸发所吸收的土壤水分等的田间量测。一般情况下,有效降水量是利用水量平衡法计算获得的,即某次降水的有效降水量为次降水量减去地面径流量和深层渗漏量。地表径流量宜用地表径流池测定,深层渗漏量宜用称重或其他高灵敏度蒸渗器测定。Stanhill(1958)研制了一种有效水量测定仪器(见图1-1)。该仪器包括一个降水

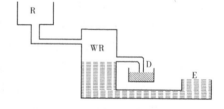

图1-1 有效降水量测定仪器

接收器(R),它与储水器(WR)相连通,而储水器又与一代表作物耗水状况的蒸发皿(E)相连通。在储水器上部侧端设置一个溢流出水口(D)。储水器的容量上限等于当地土壤的最大田间持水量。当降水量超过最大田间持水量时,多余的降水就会从储水器溢流口流失,被视为无效降水,同时另一端蒸发皿代表作物耗水,随着水分不断蒸发,从而引起储水器水位下降。这种仪器设备简单实用,易在田间布置操作。但蒸发表面(E)要代表作物的蒸发蒸腾量,因此它的口径大小和材料的选择就非常重要。Ramdas(1960)利用一个包含田间原状土壤层的小型轻便仪器设施,消除了取土样的必要性,提出了一个可以直接用于田间测定有效降水量的方法。这种测定方法简单实用,可以直接读数。以上两种田间仪器测定法不足之处在于均未考虑地表径流,这与某些地区实际情况不太相符。蒸渗仪是一种可以提供土壤水量平衡各项完整信息的方法。通过测定降水产生的地表径流量及深层渗漏量,计算旱田的有效降水量。它类似于Ramdas方法,但更加细致、完备和精确。除该仪器设备造价昂贵外,蒸渗仪的主要问题是限制了根系的生长,破坏了土壤原始

结构,从而使蒸渗仪内的土壤水分运移发生变化,同时边际效应的存在也会使蒸渗仪内作物长势不同于周边大田同类作物。尽管存在这些局限性,但蒸渗仪依然是精确研究有效降水量的最佳方法。

现场测定有效降水量是一种既简单又精确的方法,有时甚至可以通过计算机自动控制系统采集数据,而且可以不用考虑降水强度的变化和土壤入渗能力的差异,分析计算也比较简单,但这种方法要求及时准确地掌握每次降水前后的取土样或测定时间。另外,这种方法仅仅局限于定点监测,无法实现大面积土壤的实时动态监测,在这种情况下,可能很难精确地估算整个区域、流域的有效水量。为此,急需一种建立在实测数据之上的模型来方便地估算某一地区的有效降水量,以便为整个流域水资源规划或当地政府部门决策提供依据。有效降水量的经验公式法填补了这一缺陷,如美国土壤保持局提出的USDA-SCS方法、Hershfield 诺模图,它们大都是在某一区域通过统计大量的资料和多次(模拟)试验,摸索总结出的规律,这些方法既简单又实用,在生产实践中得到了广泛的应用。但经验性的公式往往缺乏一定的机制性,需要建立在大量实测数据基础上(事实上这方面数据太少或是很难获得),另外模型的地区适用空间可扩展性差,模拟时间步长也太长,其精度难以满足细致分析的要求,有时结果可能跟实际情况明显不相符,因此不可能在许多的条件下适用。新的预测方法应基于土壤水量平衡模型,采用计算机处理,计算有效降水量。

土壤水量平衡法能对一个给定地区有效降水量的特征进行很好的描述。这种方法考虑了所有必要的水量平衡项(降水、径流、入渗、蒸散和深层渗漏),并且模型是以自然规律为基础的,可以按天或周为计算时间步长,能够更精确地模拟实际土壤水分和气候条件的动态特性,因此能够灵活地适应于不同的气候和土壤条件。目前,大多数灌溉计划和管理所用的有效降水量通常均采用土壤水量平衡法计算。当然,将来一个新的有效降水量计算方法预测趋势就是,利用计算机处理基于水量平衡模型,创建有效降水量适宜估算模式,同时为了调整模拟的结果,分析者需要最大限度地取用现有的野外试验和野外观测的成果来修正模型。

三、有效降水量的计算模式

(一)国内经验公式计算模式

在生产实践中,经常使用降水的有效利用系数来计算有效降水量,称有效利用系数法。其计算公式为

$$P_e = a \cdot P \tag{1-1}$$

式中　P_e——有效降水量,mm;

P——次降水量,mm;

a——降水有效利用系数,其值与一次降水过程的降水特性、土壤性质、作物生长、地表覆盖和计划湿润土层深度等因素有关,一般需根据各地条件,并进行试验研究后确定。

我国目前采用以下经验系数:次降水量小于或等于 50 mm 时,$a=1.0$;次降水量为 $50\sim150$ mm 时,$a=0.80\sim0.75$;次降水量大于或等于 150 mm 时,$a=0.70$。根据次降水有

效利用量,可求得年度、季度或作物生长期的有效降水量。即便如此,事实上,在同一地区系数 a 往往还与上一次的降水特性及这一时段的作物蒸发蒸腾强度存在直接关系,这样即使相邻两次降水量及降水强度完全相同,而 a 取值可能有着较大的差异。在 20 世纪 80 年代初开展的"中国主要农作物需水量及需水量等值线图"的研究过程中,我国北方的山西、陕西等几个省市,在夏玉米生育期有效降水量的估算中采用了以上计算模式。河南省计算夏玉米有效降水量的公式最为简单,直接令 a 为定值 0.75。东北三省(黑龙江省、吉林省、辽宁省)和内蒙古计算春玉米和春大豆生育期的有效降水量时,a 值的大小则取决于其与降水量建立的线性关系式:

春玉米:

$$a = 121.3 - 0.099P \tag{1-2}$$

春大豆:

$$a = 106.9 - 0.051P \tag{1-3}$$

山东省普遍采用适合当地的幂函数经验公式进行有效降水量估算:

$$P_e = 10 \cdot P^{0.5} \tag{1-4}$$

式(1-4)在 $P \geqslant 100$ mm 时成立,而当 $P < 100$ mm 时降水量全部有效。

杨燕山等(2004)通过模拟降雨试验,采用数理统计等数学分析方法,提出了适合内蒙古西部风沙区耕地一般雨型降雨情况下计算有效降水量经验公式($r = 0.9993$):

$$P_e = 0.9025P - 0.1826 \tag{1-5}$$

并与目前常用的计算有效降水量 USDA-SCS 方法进行比较分析,两种方法所得结果存在很好的线性相关,而且较 USDA-SCS 方法计算简便。

尽管我国北方一些省市提出了适合当地旱作物生育期有效降水量估算的经验公式,而且这些计算模式方法比较简单,参数较少,但其精度不高,地区适应性和可扩展性较差,公式过于经验化,有时结果可能跟实际情况明显不相符。实际上,在我国北方旱作物种植地区,一次降水事件发生,降水量都不大,只要是降雨强度(简称雨强)不是特别大,基本上都能被储蓄在田间土壤中,一般不会产生径流或深层渗漏。例如,在我国北方地区冬小麦、春小麦生长期内,一般情况下降水量少,且雨强不大,故降水量均算为有效。

(二)国外经验公式计算模式

1. Hershfield 诺模图计算模式

Hershfield(1964)假定作物整个生长季每次灌水量都是不等量的,提出了一个用年平均季降水量、年平均季蒸发量和净灌溉用水量估算每年生长季有效降水量的诺模图。它是根据美国 22 个相邻地理区域气象站 50 年的日降水量计算得出的土壤水量平衡结果绘出的。这个方法除用于进行年平均值的估算外,也提供了对各种频率季有效降水量的估算。但它是在不考虑土壤种类的情况下建立的,并且该方法忽略了气候条件的动态特性,假设每天的蒸发量为常数,导致随着生长季的周期变化,有效降水量估算过高或过低。另外,它是以年、季为时间步长进行估算的,在这种情况下,很难为全面地进行工程分析或为制订灌溉计划提供更为详细的数据。

2. USDA-SCS 计算模式

美国土壤保持局的科学家同样经过分析美国 22 个相邻地理区域气象站 50 年的日降

水资料(测站与 Hershfield 诺模图相同),采用土壤水量平衡法,综合考虑作物蒸散、降水和灌溉的因素,提出了一项月平均有效降水量经验公式,即 USDA-SCS 方法。该方法的数学表达式为

$$P_e = SF(1.252\,5P_t^{0.824\,16} - 2.935\,224) \times 10^{9.551\,181\,1 \times 10^{-4} ET_c} \tag{1-6}$$

式中　P_e——月平均有效降水量,in[1];

　　　P_t——月平均降水量,in;

　　　ET_c——月平均作物需水量,in;

　　　SF——土壤水分贮存因子,用式(1-7)确定。

$$SF = 0.531\,747 + 1.162\,063 \times 10^{-2}D - 8.943\,053 \times 10^{-5}D^2 + 2.321\,343\,2 \times 10^{-7}D^3 \tag{1-7}$$

式中　D——可使用的土壤贮水量,in,通常根据所用的灌溉管理措施取为作物根区土壤有效持水量的 40%~60%。

USDA-SCS 方法虽然具有一定的物理基础,在模拟精度上也优于以上的经验公式,但它同样是在不考虑土壤种类的情况下建立的。此外,USDA-SCS 方法没有考虑土壤入渗率和降水强度对降水有效性的影响。在入渗率很低而降水强度很高的特殊场合下,会有大量的降水变为地表径流流失掉,而地面有坡度时则会进一步减少入渗量,此时,USDA-SCS 方法的计算值会较实际值偏高(Dastane,1974;Avinash S. Patwardhan et al.,1990),因而它只适宜在排水良好的土壤上预测。

3. 国外其他经验计算模式

Chow(1964)建议采用下式来估算有效降水:

$$P_e = ER_g + A \tag{1-8}$$

式中　P_e——有效降水量;

　　　R_g——生长季降水;

　　　A——平均灌溉水量;

　　　E——生长期内水分消耗量占总降水量的比率,暗指在满足作物水分消耗需求时降水的利用程度。

参数 E 值越大,有效降水量就越大。这种方法属于经验法,因此具有较强的区域局限性。

Stamm(1967)描述了美国垦务局提出的经验计算方法。它被推荐在干旱和半干旱地区使用,主要利用连续最干旱的 5 年的平均季节降水来估算月有效降水量。这种方法没有考虑土壤类型、作物的种类和降水频率及分布,也没有考虑干旱程度,因而这种方法不是相当地令人满意。

印度提出了潜在蒸发蒸腾量/降水量的比率法。这种简单的半经验方法在印度的一些工程中得到了普遍的应用。该方法不需要精确的水分状况和土壤质地结构,某种情况下,可能会出现过高或过低的估算,这主要依赖于降水的分布,但误差较小。这种方法广

[1]　1 in = 2.54 cm。

泛适用于水资源规划,既省时,代价又不高。若考虑到作物的生长特性,那就很有必要对现有的方法做些修正以适应不可预料或破坏性的降水对作物造成的灾害(如淹渍、花和果实的脱落)。此外,印度学者 Rege 等(1943)认为灌水结束 5 d 之内获得的降水均为无效,而在 5 d 以后获得的降水可视为有效降水量;Khushlani(1956)提议在作物整个生育期降水量比较少的情况下,此时的降水量都应视为有效降水量;Sastry(1956)在 Andhra Pradesh(印度南部的中间地带)地区提出用下式估算作物对降水的利用程度:

$$Y = \bar{x} - Cd \tag{1-9}$$

式中　Y——给定时期内每天的有效降水量;

　　　$\bar{x}$——平均日降水量;

　　　C——常数,由统计分析的平均最小值的置信度确定;

　　　d——日降水量的标准方差。

在雨季各阶段的有效降水量估算取决于选择适宜的置信度和计算标准方差的数理统计方法。

缅甸的 Kung(1971)提出在湿润的季节,少于 0.5 in 的降水量视为无效;而当降水量超过 0.5 in 时,其 63% 视为有效降水量。在干旱的季节,少于 1 in 的降水量视为无效;而当降水量超过 1 in 时,其 65% 视为有效降水量。泰国的学者提出 11 月降水量的 80% 和 12 月至次年的 3 月期间降水量的 90% 可视为有效降水量。

(三)水量平衡计算模式

1. 土壤湿度变换法

土壤湿度变换法是一种既简单又精确的方法。该方法用于测定降水前后有效根区土壤水分的增加量,再加上从降水开始算起直到取出土样这一过程中的蒸发蒸腾(蒸散)损失量,即为有效降水量。其计算公式如下:

$$P_e = M_2 - M_1 + K_p E_0 \tag{1-10}$$

式中　P_e——有效降水量;

　　　E_0——美国 A 级开敞式蒸发皿的蒸发量;

　　　K_p——蒸发皿的蒸发系数,一般取 0.4~0.8(由作物耗水特性确定);

　　　M_1——降雨前有效根区土壤含水量;

　　　M_2——降雨后有效根区土壤含水量。

这种方法考虑了土壤和作物特性,且简单实用,有一定的精度,但很难准确掌握降水前后取土或测定时间,同时由于土壤的空间变异性,测定土壤水分时,不管采用什么方法,均会存在一定误差。

2. 实时估算法

美国国家灌溉工程手册中基于土壤水量平衡方程,提出实时估算法,其公式如下:

$$P_e = W_t - W_0 - D + ET_t \tag{1-11}$$

式中　W_t——降水停止后第二天的田间土壤蓄水量,mm;

　　　W_0——降水开始前的田间土壤蓄水量,mm;

　　　D——降水产生的深层渗漏量,mm;

ET$_t$————整个降水时段内的农田蒸发蒸腾量,mm(可采用 Penman-Monteith 公式估算)。

由此可以看出,如果要对一次降水的有效降水量进行实时估算,必须准确估算该次降水所形成的田间土层蓄水量变化量和深层渗漏量。田间土层蓄水量变化量可通过降水前、降水后测定土层内的土壤含水量计算得到。深层渗漏量则采用水文学上的入渗-产流分析法,同时结合蓄满渗透理论计算得到,即认为超过田间持水量的那部分水量是无效的,它以深层渗漏或径流的方式流失掉。利用这一方法计算有效降水量时,精确地获得最大土壤持水量是非常必要的。该方法同样考虑了土壤和作物特性,能保证一定的精度。不足地方同土壤湿度变换法。

3. 土壤日水量平衡分析法

它以天为模拟计算步长,降水量和灌溉水量可以直接测定,深层渗漏量同样结合蓄满渗透理论计算得到,但作物的蒸腾蒸发量需要从估算公式计算得到。在灌溉农业地区,土壤水分含量一般不允许降到危及粮食产量的程度。因此,每天的土壤水量平衡计算就可以潜在蒸发蒸腾量 ET$_p$(可采用 Penman-Monteith 公式估算)为基础计算。而在雨养或是实施非充分灌溉地区,土壤水分消耗至作物根系易于利用的土壤水分下限时,水量平衡计算要以实际蒸发蒸腾量 ET$_a$ 为基础计算。ET$_a$ 的计算较复杂,且精度与 ET$_p$ 相比较低,可以简单地借助一些方法(Thornthwaite and Mather, 1955; Baier and Robertson, 1966; Tanner, 1967)计算得到。由此依据每天的土壤水量平衡状况就可以准确地估算出旱作物生育期内降水的有效利用量。

为探讨不同有效降水量计算模式下结果差异是否明显,结合现有有效降水量计算模式,通过对新乡市 2005~2006 年冬小麦有效降水量计算,对它们的适应性和计算结果的可靠性进行了对比分析(见表 1-1)。结果表明,各种计算模式均存在一定的局限性,不同模式在同条件下模拟计算的结果存在明显的差异。因此,根据当地实际情况,综合考虑土壤质地、土壤入渗特征及降水特性,对降水过程进行系统分析,据此建立适宜的有效降水量估算模式是十分必要的。

表 1-1　不同计算模式新乡市 2005~2006 年冬小麦生育期有效降水量

冬小麦生育期降水量/mm	计算模式	有效降水量/mm
88.40	有效降水利用系数经验计算模式	88.40
88.40	USDA-SCS 计算模式	56.91
88.40	美国垦务局计算模式	79.50
88.40	印度 ET/Rainfall 比率计算模式	88.40
88.40	水量平衡计算模式	75.32

四、需要解决的一些问题

综上所述,在现有测定和估算有效降水量的方法基础上,下一步研究的重点和方法的改善可以放在以下方面:

(1)对于旱作物而言,播种前期的降水对作物生育期利用应该是有效的,这部分降水如何考虑在内值得进一步研究。此外,关于有效降水量的计算模型,现大多数地区采用当地的经验公式,既缺乏机制性,又难以应用到其他地区。可以看到,不同计算模式在同等条件下计算结果存在着明显的差异,因此根据降水事件频率和测点的位置特性更准确地计算有效降水量变得越来越重要。新的发展趋势是在综合分析各种模型结果的基础上,把各种形式的研究结果转化为标准形式,或通过对所在地的环境变量做相关分析,建立作物生育期有效降水量的优化模型及其与纬度、经度和海拔等因子关系的多元地理空间模型,用于不同区域估测和评价,研究有效降水量的地理变化规律。

(2)模型在预测的时间步长上应尽可能缩短,这是因为灌溉系统的运行需要根据不同时间坐标(天、周、月和季)实时地估算有效降水量,进行实时灌溉预报,并确定是否需要灌溉及灌水定额,以进一步提高降水和灌溉水的有效利用率。

(3)需要加强对整个降水有效利用过程的系统研究。对于通过田间实测法研究降水的有效性,目前很少有足够的系列资料可供利用,这包括时间上的长期连续性和空间分布的代表性,给准确地估算某一区域的降水有效性带来了一定的困难。另外,如何对国外已建立的一些有效降水量计算模型进行必要的修正,使之适用于我国的情况,也有待做进一步的研究。

第四节　土壤墒情预测与灌溉预报

农田土壤水分一方面由于作物需水不断消耗,另一方面由于降水或灌溉得以补充,准确预测农田土壤水分状况是制定合理灌溉方案的前提。20 世纪 60 年代起,随着对作物生理动态机制认识的不断加深和计算机技术的迅猛发展,基于生理生态机制的考虑作物生长与大气、土壤等环境因素的相互作用的动态模拟模型已成为节水农业研究最有力的工具之一。农田土壤水分动态模拟和预测一直是国内外重要的研究课题,并已取得许多重要成果。吴厚水(1981)通过估算农田蒸散力确定农田灌溉预报;Jee-vananda(1983)也提出一种估算土壤水量平衡的简单方法;Caineiro(1986)建立了热带季风气候条件下的土壤水分模拟模式;鹿浩忠(1987)从水量平衡原理出发定量计算农田干旱情况并做出适当的预报;申双和和周英(1995)提出了牧草地土壤水分的动态计算模式;陶祖文(1997)运用农田蒸散的计算来预测土壤水分状况;王桂玲、高亮之(1998)进行了冬小麦田间土壤水量平衡动态模拟模型的研究;舒素芳等(2002)建立了旱地冬小麦分层农田土壤水量平衡模型。所有这些建立的模型均从农田土壤水量平衡出发,不需要太多的参数,计算简便,实用性能较强,也能达到可以接受的模拟精度,是农田水分模拟的最有效的方法之一,尤其对干旱、半干旱地区更为适用。80 年代中期,随着能态观点的提出,许多学者又从土壤水动力学角度出发,通过揭示土壤水分运动的本质来描述其动态变化过程。土壤水分动态模拟研究中使用土壤水分运动方程求解数值是公认的比较准确的方法,模拟时间步长也较小,但这种模式技术操作的难度较大,需要输入大量实测参数,给实际应用带来一定的困难。因此,在保证模式具有必要精度的情况下,尽可能地使输入参数得以简化,是今后需要研究探讨的重点。本书的研究将依据土壤水量平衡原理建立冬小麦农田土壤水量平衡模型,在此基础上分析作物各生育期的缺水量,为冬小麦生育期间的水分管理提供参考。

灌溉预报就是根据作物要求的适宜土壤水分上、下限以及土壤水分的变化规律,确定下一次灌水日期和灌水定额,提前发出灌水信息。因此,灌溉预报有两个基本任务:第一,根据前期实测的土壤含水量跟踪预报当日的含水量;第二,根据预测当日含水量推测未来某日含水量,土壤水分的消长规律取决于供水情况和作物耗水强度。从 20 世纪 80 年代初开始至今,国内专家研究了许多土壤水分预报的方法并应用于实践,卓有成效。

一、经验公式法

经验公式法主要是利用饱和差、气温、降雨等因子与土壤水分之间的关系建立土壤水分预报经验公式。近几年,国内外对消退系数法进行了一定的研究,该法基于土壤水分变化率与贮水量成正比这一假定,得出了土壤水分的指数消退关系,采用指数消退过程来描述土壤水分的动态变化。

二、水量平衡法

水量平衡法是以田间水量平衡方程为理论基础,以土壤含水量为主要预报对象,结合气象预报和作物生长情况,通过水量平衡方程进行水量平衡循环运算,以确定各时段的土壤水分含量,然后判断其是否需要灌溉,并计算灌水量。

20 世纪 70 年代末,陶祖文利用对农田蒸散的计算来预测土壤水分状况,吴厚水则通过估算农田蒸发力确定农田灌溉预报,鹿浩中从水量平衡观点出发定量计算农田干旱情况并做出适当预报。80 年代以来,利用水量平衡方法进行土壤水分模拟和田间预报研究得到进一步发展。李保国把二维空间坐标(x,y)引入土壤水均衡方程中,建立了分布式土壤水均衡方程,进行区域土壤水贮量分布动态的计算与预报。周振民研究了灌溉系统供水计算模型,将灌区内作物概化为水稻和旱作物两种,分别以水量平衡原理和土壤水分模拟理论为基础建立稻田和旱作物灌溉供水计算模型,编制实时灌溉方案。曹宏鑫等根据土壤水量平衡原理建立了适宜于长江下游地区小麦生长期 0~40 cm 分层土壤水分模型。李锡录等以农田能量平衡与水量平衡理论作为作物需水、灌溉预报计算的依据,将土水势传感器与单板计算机共同组成处理系统,使农田灌溉实现自动控制。李会昌等以SPAC 理论多年来的试验成果为基础,给出了预报土壤湿度的两种方法:水量平衡法和水动力学法。还有一些专家对该方法进行了改进,建立了比传统方法更为有效的模型。肖俊夫等根据农田水量平衡方程,研究了农田灌溉预报的反推法;张展羽等建立了非充分灌溉条件下农田土壤水分动态变化的两种模拟模型,即大田水量平衡模拟模型和土壤水运动模拟模型,提出了农田计划湿润层土壤含水量非线性变化的计算方法,结合实例对两种模型进行分析比较,为非充分灌溉决策提供了新的理论依据。90 年代以来,武汉水利电力大学(现为武汉大学水利水电学院)与湖北、河北、山东、山西等省的灌区协作开展了"实时灌溉预报研究",主要以参考作物需水量(ET_0)和实际作物需水量的实时预报及修正为基础,通过水量平衡方程计算和建立实时灌溉预报模型。清华大学田富强等在广西青狮潭灌区也以作物需水量实时预报为基础,采用水量平衡原理分析制定了水稻的灌溉制度。郭士国等利用田间水量平衡原理建立了实时灌溉预报的计算机模型。

　　总之,水量平衡法应用较广泛,方法原理相对较简单,模拟精度可靠,是农田水分模拟的最有效的方法之一,也是农田灌溉预报模型中应用最多的方法。

三、土壤水动力学方法

　　土壤水动力学方法在田间水量预报方面应用较广泛。李陆泗等应用土壤水分运动方程的一维数值解模拟果园的土壤水分动态,根据土壤水分的动态进行灌溉的预报。张金辉用土壤水分动态模拟法建立了灌区作物灌溉制度的数学模型,完成了土壤水分运动参数的确定和计算程序的主要流程。康绍忠等从土壤水动力学的角度出发,建立了一个有玉米生长条件下农田土壤水分预报的模型。胡浩云根据土壤水分运动原理,通过对冬小麦田间试验及有关资料的分析,建立数学模型,利用计算机对冬小麦田间土壤水分运移进行计算,预报土壤墒情。邵爱军等对覆盖条件下考虑作物根系吸水项的土壤水分运动进行数值模拟。

　　在国外,早在20世纪70年代,美国等国家就较早地进行了预测土壤水分状态的试验和研究,开始采用中子仪监测土壤水分以确定灌溉制度,建立了较为简单的土壤水分预报模型和方法,一般以土壤水量均衡等方法为基础,形式较为简单。80年代以来,考斯加可夫、菲利普等曾提出一些预报土壤水分增长或消退过程的模型。Hearn等建立了反映植物根层水分状况的土壤水模型。1992年以来,国际灌排委员会(ICID)和联合国粮食及农业组织(FAO)已召开四次学术会议,专题研究土壤水分动态模拟技术,并将此议题作为未来10多年内的最重要研究内容,以提高灌溉用水的计划性和可靠性。

　　目前,我国在土壤墒情监测和灌溉预报方面与灌区的用水管理结合不够,通过本项目的研究,构建一个农田节水灌溉与土壤墒情监测的实用信息平台,以实现土壤含水量的实时监测、旱情综合分析与作物灌溉的实时预报,为灌溉管理层和决策者提供直观的可视化决策依据,指导灌区做到适时适量灌溉,提高灌区灌溉水资源的利用率与利用效率。

第二章 冬小麦-夏玉米需水规律及高效用水制度

第一节 冬小麦-夏玉米的需水规律

一、冬小麦-夏玉米的需水量

在豫北地区冬小麦的需水量一般为 380~480 mm。由表 2-1 可知,2008 年冬小麦全生育期需水量为 461.32 mm。在冬小麦整个生育期内需水量最多的是拔节-抽穗期,其次是灌浆-成熟期,这两个时期的需水量占据了冬小麦整个生育期需水量的 60% 左右,越冬期需水量最少。因此,拔节-抽穗期是冬小麦一生中的关键需水期,其次是灌浆-成熟期。

表 2-1 冬小麦不同生育阶段的需水量、日需水量与模系数

项目	生育阶段						全生育期
	播种-越冬	越冬-返青	返青-拔节	拔节-抽穗	抽穗-灌浆	灌浆-成熟	
阶段需水量/mm	73.94	25.66	31.15	140.78	57.95	131.84	461.32
天数/d	73	62	15	41	10	30	231
日需水量/(mm/d)	1.01	0.41	2.08	3.43	5.80	4.39	2.00
模系数/%	16.03	5.56	6.75	30.52	12.56	28.58	100

在豫北地区,一般年份夏玉米的需水量为 350~400 mm。2008 年夏玉米全生育期需水量为 394.8 mm(见表 2-2)。夏玉米生育期间的日需水量变化规律为:从播种出苗后日需水量随着气温的增加以及植株群体的壮大逐渐增加,到抽雄期达到最大值,此后随着气温的降低以及叶面积指数的下降而逐渐降低。由此可以看出,夏玉米的需水敏感期为抽雄-灌浆期,其次为拔节-抽雄期,保证此阶段的水分需求,对确保夏玉米高产稳产尤为重要。

表 2-2 夏玉米不同生育阶段的需水量、日需水量与模系数

项目	生育阶段				全生育期
	播种-拔节	拔节-抽雄	抽雄-灌浆	灌浆-成熟	
阶段需水量/mm	103.1	109.6	77.8	104.3	394.8
天数/d	36	22	13	34	105
日需水量/(mm/d)	2.86	4.98	5.98	3.07	3.76
模系数/%	26.11	27.76	19.71	26.42	100

二、冬小麦-夏玉米需水量及灌溉需求的区域分布

(一)河南省冬小麦需水量分布

河南省降水量南多北少,季节分配不均,年际变化较大。图2-1是根据1951~2000年降水量资料绘制的冬小麦生长季降水量分布,从图2-1中可以看出,黄河以北地区,小麦生育期间降水量小于300 mm,通常需要灌溉;淮河以南平均降水量达450 mm,小麦常受湿害;淮河以北、黄河以南地区降水量200~450 mm,其中驻马店和南阳部分县为300~450 mm,降水保证率达50%~60%,降水量比较适中,但年变率也较大,十年中旱涝各遇1~2年。降水的阶段分配很不均衡,多数年份秋雨较多,加上夏季雨水集中,播种期底墒较好;多数年份冬春干旱;后期降水南北差异很大,淮河以南常常雨量过多,北中部偏旱年份较多,且常有干热风危害。根据河南省31个试验站点的气象资料,利用FAO-56分别计算了各个站点的参考作物需水量,利用单作物系数法计算各站点的小麦需水量,根据冬小麦各生育期的降雨情况,确定了冬小麦的净灌溉需水量。冬小麦多年平均需水量分布如图2-2所示。冬小麦多年平均净灌溉需水量分布如图2-3所示。从图2-2可知,冬小麦需水量受纬度影响较大,随着纬度的增加而增加,豫南的信阳固始等地仅为350 mm左右,而豫北的新乡、安阳等地高达450 mm,南北相差100多mm;冬小麦需水量在东西方向变化不大,同一纬度地区除受局部地形影响外,需水量几乎没有差异。冬小麦缺水量与生育期降雨量关系密切,豫南生育期降雨量可基本满足冬小麦的用水需求,而豫北、豫中缺水量较大,最大达到了300 mm,需要灌溉2~3次水。

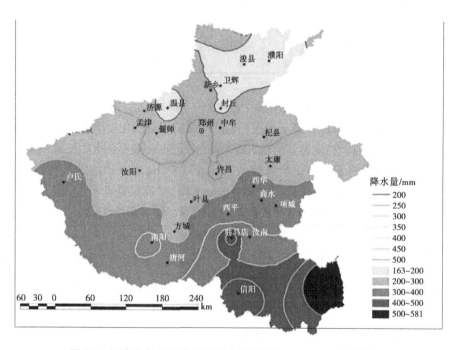

图2-1 河南省冬小麦生长季降水量分布(1951~2000年平均)

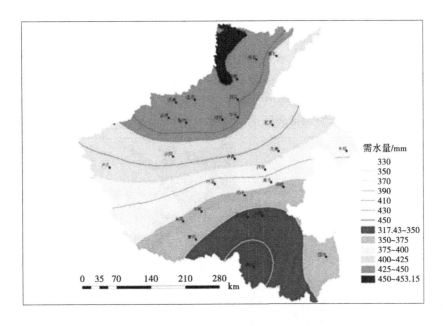

图 2-2 河南省冬小麦多年平均需水量分布(1951~2000 年平均)

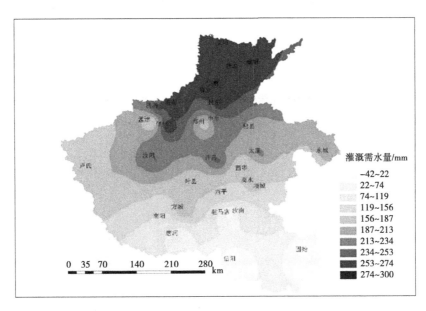

图 2-3 河南省冬小麦多年平均净灌溉需水量分布(1951~2000 年平均)

(二)河南省夏玉米需水量分布

河南省夏玉米生育的 6~9 月正是雨季,由于受到来自海洋的夏季风影响,各地普遍多雨,其降雨量占全年雨量的 45%以上。雨热同季,提高了水分、热量和光能资源的综合利用效果。但是也常出现旱涝灾害,给夏玉米生产带来不利影响。

　　河南省 6 ~ 9 月总降水量 300 ~ 600 mm,其中绝大部分地区为 400 ~ 500 mm(见图 2-4)。从总量上看可以满足玉米一生的需水要求,但时空分布不均。根据上述方法确定了玉米多年平均需水量和多年平均净灌溉需水量分布,分别见图 2-5、图 2-6。从图 2-5可知,全省玉米需水量相差不大,最大差异仅为 50 mm 左右,在空间分布上没有规律性。从图 2-6 可知,全省玉米缺水量都较少,黄河以南的大部分地区生育期降水量都可满足玉米用水需求。豫北的封丘、济源等地的缺水量达到了 100 mm 左右,多年平均条件下灌 1 次水

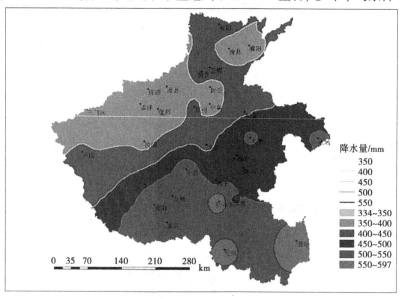

图 2-4　河南省夏玉米生长季降水量分布(1951~2000 年平均)

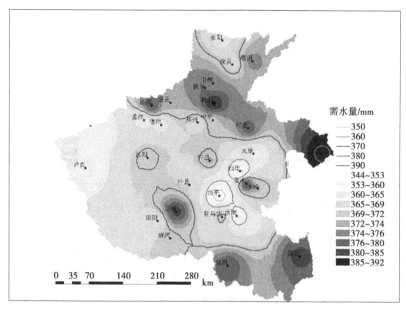

图 2-5　河南省夏玉米多年平均需水量分布(1951~2000 年平均)

即可满足夏玉米的需水要求。广利灌区夏玉米生长期间多年平均降水量为350～400
mm,多年平均需水量为360～400 mm,多年平均缺水量为50～90 mm。

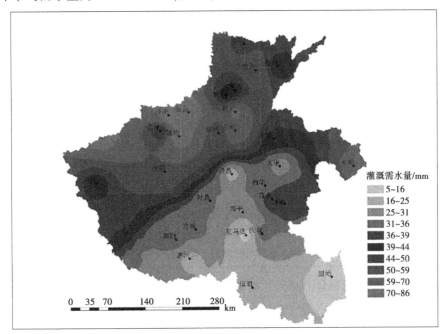

图2-6　河南省夏玉米多年平均净灌溉需水量
分布(1951～2000年平均)

第二节　冬小麦-夏玉米的优化灌溉制度

一、冬小麦-夏玉米对水分亏缺的响应

(一)水分亏缺对地上部干物质累积的影响

从图2-7可以看出,在冬小麦拔节以前,不同处理间的差异较小,拔节以后,随着气温
的升高,冬小麦的生长速度加快,不同处理间地上部干物质累积量间的差异逐渐变大,特
别是受旱处理与未受旱处理间的差异,到收获时,不同处理间的差异达到最大。

(二)水分亏缺对产量性状的影响

由表2-3可以看出,不同生育期的干旱对产量性状的影响程度不一样,由方差分析可
以看出,适宜水分处理的产量最高,与播种-拔节期干旱无显著差异,但与其他处理间的
产量达到了显著差异水平,灌浆-成熟期干旱的产量最低,与其同处理间的差异均达到显
著水平。可见,在冬小麦生长前期的干旱减产较少,随着干旱时期的后移,减产逐渐增多,
因为受旱越早,复水后产生的补偿效应越大,受旱越晚,补偿效应越小。因此,前期干旱的
处理减产最少,而灌浆-成熟期干旱的处理由于干旱时间长,即使复水,其补偿效应很小,
还易造成倒伏,导致其产量最低。

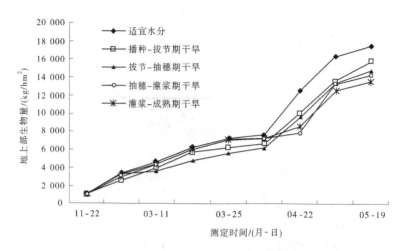

图 2-7　不同生育期干旱下冬小麦地上部生物量的变化

表 2-3　冬小麦不同生育期干旱处理下的产量性状

处理	茎粗/cm	有效穗数/（万/hm²）	穗长/cm	小穗数/个	不孕小穗数/个	穗粒数/粒	千粒重/g	产量/（kg/hm²）	减产率/%
适宜水分	0.333	612.5	8.21	18.93	3.00	32.73	43.27	8 325.0 a	0
播种-拔节期干旱	0.356	598.5	8.62	18.93	1.93	33.07	42.98	8 025.0 a	3.60
拔节-抽穗期干旱	0.352	533.8	8.24	19.50	3.27	32.23	45.54	7 568.8 b	9.08
抽穗-灌浆期干旱	0.353	543.8	8.59	19.87	2.60	34.97	43.99	7 481.3 b	10.14
灌浆-成熟期干旱	0.410	572.5	8.90	19.47	2.23	34.30	40.81	7 375.0 c	11.41

注：表中小写字母表示处理间差异显著性水平 $p<0.05$，下同。

由表 2-4 可以看出，夏玉米果穗粗、穗行数有随干旱时期的后移逐渐降低的趋势（个别的处理除外），在不同的生育阶段，干旱越重，对其果穗性状的影响越大；在不同的生育时期，干旱越重，减产越多。适宜水分处理的产量与其他处理间的差异都达到了显著水平，可见玉米对水分的亏缺较敏感，任一阶段的水分亏缺都会造成显著的减产；苗期轻旱与灌浆期轻旱间的产量差异不显著，苗期重旱、拔节期轻旱、灌浆期重旱相互间的差异不显著，苗期重旱与抽雄期轻旱间的产量差异未达到显著水平。

表 2-4　夏玉米不同生育期处理干旱下的产量性状

处理	穗长/ cm	秃尖长/ cm	穗粗/ cm	穗行数	百粒重/ g	产量/ （kg/hm²）	减产率/ %
适宜水分	16.48	0.75	5.25	16.2	27.79	9 428.4 a	0
苗期轻旱	15.89	0.87	5.15	15.4	26.84	8 409.6 b	10.81
苗期重旱	15.06	1.01	5.03	15.0	26.17	7 884.0 cd	16.38
拔节期轻旱	15.60	0.94	5.15	16.1	25.94	8 005.5 c	15.09
拔节期重旱	15.05	1.12	5.07	16.0	25.24	6 854.4 e	27.30
抽雄期轻旱	16.29	0.96	5.12	15.8	26.02	7 752.6 d	17.77
抽雄期重旱	16.06	1.58	4.92	14.2	25.59	6 608.7 f	29.91
灌浆期轻旱	16.34	1.22	5.07	15.4	25.17	8 569.8 b	9.11
灌浆期重旱	16.18	1.62	4.95	14.9	24.94	8 002.8 c	15.12
全生育期轻旱	14.24	2.34	4.27	13.2	22.83	4 136.4 g	56.13

（三）水分亏缺对耗水量的影响

由表 2-5 可知,冬小麦的耗水量和耗水规律受干旱时期的制约,适宜水分处理的阶段耗水量和全期耗水量最高,任何生育阶段受旱都会造成该阶段耗水量的减少,并对以后的阶段产生一定的影响,从而造成全生长期耗水量的降低,灌浆-成熟期干旱处理的耗水量最低,拔节-抽穗期干旱与抽穗-灌浆期干旱处理的耗水量差异不大。表 2-6 显示,夏玉米适宜水分处理的耗水量最高,全生育期连续轻旱的最低,从不同生育期干旱来看,灌浆期受旱的耗水量最低;任一生育阶段,干旱越重,其阶段耗水量和全生育期耗水量越小。

表 2-5　冬小麦不同生育期干旱处理下的耗水量　　　单位:mm

处理	阶段耗水量						全生育期
	播种-越冬	越冬-返青	返青-拔节	拔节-抽穗	抽穗-灌浆	灌浆-成熟	
适宜水分	67.31	27.24	39.47	143.11	58.90	139.67	475.70
播种-拔节期 干旱	83.95	23.67	31.15	127.79	56.95	137.84	461.35
拔节-抽穗期 干旱	82.94	26.67	37.82	85.62	46.11	123.92	403.08
抽穗-灌浆期 干旱	71.33	27.13	38.24	121.51	37.46	126.86	422.53
灌浆-成熟期 干旱	84.62	27.09	42.02	115.33	57.53	66.70	393.29

表 2-6　夏玉米不同生育期干旱处理下的耗水量　　　　　单位:mm

处理	阶段耗水量				全生育期
	播种-拔节	拔节-抽雄	抽雄-灌浆	灌浆-成熟	
适宜水分	135.15	73.80	65.24	108.18	382.37
苗期轻旱	122.14	72.28	60.46	88.98	343.86
苗期重旱	111.40	73.92	63.12	99.48	347.92
拔节期轻旱	123.53	55.99	52.95	99.96	332.43
拔节期重旱	132.27	47.01	52.74	96.80	328.82
抽雄期轻旱	136.10	76.73	55.38	94.65	362.86
抽雄期重旱	135.14	73.40	47.37	86.38	342.29
灌浆期轻旱	123.66	67.07	56.35	34.78	281.86
灌浆期重旱	111.31	52.38	37.48	26.55	227.72
全生育期轻旱	75.91	43.25	39.40	45.02	203.58

二、产量与耗水量的关系

(一)产量与全生育期耗水量的关系

根据实测资料,冬小麦和夏玉米产量与全生育期耗水量间呈现出良好的二次抛物线关系,相关程度较高,其回归方程式为

冬小麦:

$$Y = -8.888\ 7 \times 10^{-4} ET^2 + 8.311\ 1ET - 10\ 899 \quad (r = 0.919\ 0) \quad (2\text{-}1)$$

夏玉米:

$$Y = -9.391\ 0 \times 10^{-4} ET^2 + 7.452\ 1ET - 7\ 102.3 \quad (r = 0.899\ 6) \quad (2\text{-}2)$$

式中　Y——产量,kg/hm^2;

ET——耗水量,m^3/hm^2。

冬小麦和夏玉米的产量先随着耗水量的增加快速增加,当耗水量达到一定程度时,产量增加缓慢,开始呈现出"报酬递减"现象;当冬小麦和夏玉米的耗水量分别达到 4 675.0 m^3/hm^2 和 3 967.7 m^3/hm^2 时,产量达到最大值;此后再增大耗水量,产量不但不再增加,反而呈现出下降的趋势。

(二)水分利用效率与全生育期耗水量的关系

水分利用效率(WUE)随着作物耗水量的增加,也有一个渐增到渐减的变化过程,但 WUE 的最高点与总产量的最高点并不一致,相应于 WUE 最高点的耗水量 ET 要低于相应于产量 Y 最高点的 ET。经回归分析,得到冬小麦和夏玉米的水分生产效率与耗水量的关系式分别为

冬小麦:

$$WUE = -2.0 \times 10^{-7} ET^2 + 0.001\ 4ET - 0.482\ 5 \quad (r = 0.887\ 2) \tag{2-3}$$

夏玉米:

$$WUE = -2.0 \times 10^{-7} ET^2 + 0.001\ 1ET - 1.035\ 2 \quad (r = 0.703\ 8) \tag{2-4}$$

式中　WUE——水分利用效率,kg/m^3;

　　　ET——耗水量,m^3/hm^2。

由式(2-3)、式(2-4)计算得冬小麦和夏玉米 WUE 最大时的耗水量分别为 3 500 m^3/hm^2 和 2 750 m^3/hm^2,当冬小麦和夏玉米的耗水量分别大于此值时,其水分利用效率逐渐下降。

(三)作物产量与阶段耗水量的关系

反映作物产量与阶段耗水量关系的模型中,最为著名是 1968 年由 Jensen 提出的模型,其模型形式如下:

$$\frac{Y}{Y_m} = \sum_{i=1}^{n} \left(\frac{ET_i}{ET_{mi}}\right)^{\lambda_i} \tag{2-5}$$

式中　Y、Y_m——非充分供水和充分供水条件下的作物产量,kg/hm^2;

　　　ET_i 和 ET_{mi}——与 Y、Y_m 相对应的阶段耗水量,mm,$i=1, 2, \cdots, n$;

　　　n——划分的作物生育阶段数;

　　　λ_i——作物第 i 阶段的缺水敏感指数。

λ_i 反映了作物第 i 阶段因缺水而影响产量的敏感程度。λ_i 愈大,表示该阶段缺水对作物的影响愈大,产量降低得就愈多,反之亦然。根据试验资料,分析得出冬小麦和夏玉米不同生育阶段的敏感指数见表 2-7 和表 2-8。

表 2-7　冬小麦不同生育阶段的缺水敏感指数 λ_i

生育阶段	播种-越冬	越冬-返青	返青-拔节	拔节-抽穗	抽穗-灌浆	灌浆-成熟
敏感指数 λ_i	0.105 4	0.062 4	0.124 0	0.275 2	0.234 4	0.153 6

表 2-8　夏玉米不同生育阶段的缺水敏感指数 λ_i

生育阶段	播种-拔节	拔节-抽雄	抽雄-灌浆	灌浆-成熟
敏感指数 λ_i	0.106 8	0.264 2	0.375 4	0.234 4

三、主要农作物的优化灌溉制度

要进行优化灌溉制度的制定,需要分析当地不同水文年型冬小麦和夏玉米生育期间的降雨量分布,以 1951~2003 年黄淮海地区的降雨资料进行冬小麦和夏玉米生育期内降雨的频率分析(见表 2-9、表 2-10)。根据冬小麦和夏玉米不同生育阶段的需水规律,并结合表 2-9 和表 2-10 可以得出冬小麦和夏玉米不同水文年型各生育阶段的净灌溉需水量

（见表2-11、表2-12）。在生产实际中，虽然生育期内的降雨总量能满足需求，但由于降雨分布不均，往往会造成季节性干旱，需要进行补充灌溉，在河南的大部分地区，冬小麦生育期间均需要灌水，根据土壤类型以及地区气候特点，往往需灌1~3次水，黄河故道的沙地因保水性差需要灌3~5次水，广利灌区一般需要灌2~3次水。河南大部分地区玉米拔节前的降雨量很少，玉米播种时底墒往往不足，播种后需要浇出苗水才能保证苗全、苗壮，浇苗期水是高产的关键，在抽雄期遇到季节性干旱再浇一次抽雄水就可以获得高产。

表2-9　不同水文年型冬小麦各生育阶段内的降雨量　　　　单位：mm

水文年型	生育阶段						全生育期
	播种-越冬	越冬-返青	返青-拔节	拔节-抽穗	抽穗-灌浆	灌浆-成熟	
25%	86.5	11.6	5.5	24.8	13.8	50.5	192.7
50%	72.2	9.6	4.6	20.7	11.5	42.2	160.8
75%	58.4	7.8	3.7	16.8	9.3	34.1	130.1
95%	38.5	5.1	2.5	11.1	6.1	22.5	85.8

表2-10　不同水文年型夏玉米各生育阶段内的降雨量　　　　单位：mm

水文年型	生育阶段				全生育期
	播种-拔节	拔节-抽雄	抽雄-灌浆	灌浆-成熟	
25%	128	197	105	176	606
50%	108	124	64	102	398
75%	95	121	56	89	361
95%	56	46	29	64	195

表2-11　不同水文年型冬小麦各生育阶段的净灌溉需水量　　　　单位：mm

水文年型	生育阶段						全生育期
	播种-越冬	越冬-返青	返青-拔节	拔节-抽穗	抽穗-灌浆	灌浆-成熟	
25%	-12.6	14.1	25.7	116.0	44.2	81.3	268.7
50%	1.7	16.1	26.6	120.1	46.5	89.6	300.6
75%	15.5	17.9	27.5	124.0	48.7	97.7	331.3
95%	35.4	20.6	28.7	129.7	51.9	109.3	375.6

表 2-12　不同水文年型夏玉米各生育阶段的净灌溉需水量　　单位:mm

水文年型	生育阶段				全生育期
	播种-拔节	拔节-抽雄	抽雄-灌浆	灌浆-成熟	
25%	-24.9	-87.4	-27.2	-71.7	-211.2
50%	-4.9	-14.4	13.8	2.3	-3.2
75%	8.1	-11.4	21.8	15.3	33.8
95%	47.1	63.6	48.8	40.3	199.8

　　冬小麦和夏玉米优化灌溉制度的确定可以采用动态规划方法。根据前述产量与阶段耗水量的关系,不同水文年型冬小麦和夏玉米各生育阶段内的降雨量,利用动态规划法对冬小麦和夏玉米的优化灌溉制度进行了分析,结果见表 2-13、表 2-14。根据表 2-13 和表 2-14 把冬小麦和夏玉米的灌溉定额分配到不同生育阶段,具体的灌水时间应根据当时的土壤水分状况而定,当作物某一生育阶段的土壤水分分别达到表 2-15、表 2-16 中的下限指标时,就应对作物进行灌水。通过这种方式供水,就可实现冬小麦和夏玉米节水高产高效的目标。

表 2-13　不同水文年型的冬小麦优化灌溉制度

水文年型	灌溉可用水量/(m³/hm²)	生育阶段与灌水时期						Y/Y_m
		播种-越冬	越冬-返青	返青-拔节	拔节-抽穗	抽穗-灌浆	灌浆-成熟	
25%	600	0	0	600	0	0	0	0.821 7
	1 200	600	0	0	600	0	0	0.931 1
	1 800	600	0	0	600	0	600	0.993 4
50%	600	0	0	600	0	0	0	0.748 9
	1 200	600	0	0	600	0	0	0.847 6
	1 800	600	0	0	600	0	600	0.920 7
	2 400	600	0	600	600	0	600	0.962 5
75%	600	0	0	600	0	0	0	0.675 4
	1 200	600	0	0	600	0	0	0.780 5
	1 800	600	0	600	0	600	0	0.865 3
	2 400	600	0	600	600	0	600	0.940 2
95%	600	0	0	600	0	0	0	0.653 7
	1 200	0	0	600	600	0	0	0.764 2
	1 800	600	0	600	0	600	0	0.848 7
	2 400	600	0	600	600	0	600	0.920 1

表 2-14 不同水文年型的夏玉米优化灌溉制度

| 水文年型 | 灌溉可用水量/（m³/hm²） | 生育阶段与灌水时期 | | | | Y/Y_m |
		播种-拔节	拔节-抽雄	抽雄-灌浆	灌浆-成熟	
25%	0	0	0	0	0	0.981 2
50%	600	600	0	0	0	0.904 3
	1 200	600	0	600	0	0.957 8
75%	600	600	0	0	0	0.772 4
	1 200	600	0	600	0	0.895 1
	1 800	600	600	600	0	0.965 4
95%	600	600	0	0	0	0.543 6
	1 200	600	0	600	0	0.736 7
	1 800	600	0	600	600	0.893 8
	2 400	600	600	600	600	0.941 7

表 2-15 冬小麦不同生育阶段的土壤水分控制下限指标

| 控制指标 | 生育阶段 | | | | | |
	播种-越冬	越冬-返青	返青-拔节	拔节-抽穗	抽穗-灌浆	灌浆-成熟
土壤水分下限（占田持百分数）/%	60~70	55~60	60~65	60~65	65~70	55~60
计划层深度/cm	40	40	40	60	80	80

表 2-16 夏玉米不同生育阶段的土壤水分控制下限指标

| 控制指标 | 生育阶段 | | | | |
	播种-出苗	苗期	拔节-抽雄	抽雄-灌浆	灌浆-成熟
土壤水分下限（占田持百分数）/%	70~75	60~65	65~70	70~75	60~65
计划层深度/cm	40	40	60	80	80

第三章 主要农作物耗水量预测模型的构建

第一节 参考作物需水量 ET_0 估算方法比较及评估

一、常用的几种 ET_0 估算模式

参考作物需水量(ET_0)是灌溉预报和灌溉决策的基础。作者主要利用天气预报可测因子(温度)来探讨基于温度的 ET_0 估算方法的应用效果,以期筛选出不同时间尺度既有一定预报精度而且能充分利用现有天气预报信息的 ET_0 估算方法。利用覆盖黄淮海地区的北京、石家庄、安阳、郑州、驻马店和信阳6个代表站点1961~2002年的逐日气象资料(包括最高气温、最低气温、相对湿度、日照时数和风速),同样利用 FAO56-PM 公式对3种基于温度的 ET_0 计算方法[Hargreaves(简称 Harg)、McCloud(简称 Mc)、Thornthwaite(简称 Thorn)]进行比较分析,主要依据平均偏差、平均相对偏差、相关系数和 t 统计量4种指标分别对日、旬、月和年值序列的吻合程度做出评价。各计算方法基本公式如下。

(一)Penman-Monteith 公式

1998年,联合国粮食及农业组织(FAO)在出版的《Crop Evapotranspiration-Guidelines for Computing Crop Water Requirements》一书中,正式提出了用 Penman-Monteith 公式作为计算 ET_0 的唯一标准方法。该公式需要的基本气象参数有最高气温、最低气温、日照时数、相对湿度和风速,它的具体形式如下式所示:

$$ET_0 = \frac{0.408\Delta(R_n - G) + \gamma \dfrac{900}{T + 273} u_2(e_s - e_a)}{\Delta + \gamma(1 + 0.34u_2)} \tag{3-1}$$

式中 ET_0——应用 PM 公式计算的参考作物需水量,mm/d;

R_n——作物冠层表面的净辐射,MJ/($m^2 \cdot d$);

G——土壤热通量,MJ/($m^2 \cdot d$);

Δ——饱和水汽压与温度曲线的斜率,kPa/℃;

T——2 m 高度处的日平均气温,℃;

u_2——2 m 高度处的风速,m/s;

e_s——饱和水汽压,kPa;

e_a——实际水汽压,kPa;

$e_s - e_a$——饱和水汽压差,kPa;

γ——干湿表常数,kPa/℃。

(二)Hargreaves 公式

1985年,美国科学家 Hargreaves 和 Samani 根据美国西北部加利福尼亚州 Davis 地区

八年时间的牛毛草蒸渗仪数据,推导出了依靠最高气温和最低气温来衡量辐射项的 ET_0 计算公式,具体公式如下:

$$ET_0 = 0.0023\frac{1}{\lambda}(T_{max} - T_{min})^{0.5}\left(\frac{T_{max} + T_{min}}{2} + 17.8\right)R_a \qquad (3\text{-}2)$$

式中 R_a——大气顶层辐射,$MJ/(m^2 \cdot d)$;

　　λ——水汽化潜热,其值为 2.45 MJ/kg;

　　T_{max}、T_{min}——最高气温、最低气温,℃。

(三) McCloud 公式

该公式基于日平均气温,视 ET_0 为温度的指数函数,公式如下:

$$ET_0(Mc) = KW^{1.8T} \qquad (3\text{-}3)$$

式中 $ET_0(Mc)$——用 McCloud 公式计算的日 ET_0 值累积的旬值;

　　T——日平均气温;

　　K、W——参数,$K = 0.254$,$W = 1.07$。

(四) Thornthwaite 公式

Thornthwaite 公式最初基于美国中东部地区的试验数据而提出,它仅需要月平均气温,视 ET_0 为温度的幂函数。提出时假设干湿空气没有平流,且潜热与显热之比为常数。考虑到黄淮海地区冬季月份平均气温经常低于 0 ℃,本书采用改进后的公式为

$$ET_0(Thorn) = \begin{cases} 0 & T_i < 0\ ℃ \\ 16C\left(\dfrac{100T_i}{I}\right)^a & 0 \leq T_i \leq 26.5\ ℃ \\ C(-415.85 + 32.24T_i - 0.43T_i^2) & T_i > 26.5\ ℃ \end{cases} \qquad (3\text{-}4)$$

其中

$$I = \sum_{i=1}^{12}\left[\frac{T_i}{5}\right]^{1.514}$$

$$a = 0.49 + 0.0179I - 0.0000771I^2 + 0.000000675I^3$$

式中 $ET_0(Thorn)$——Thornthwaite 公式计算的参考作物需水量,mm;

　　T_i——月平均气温,℃;

　　I——温度效率指数;

　　a——热量指数的函数;

　　C——与日长和纬度有关的调整系数。

二、不同模式估算的 ET_0 日值序列评价

图 3-1 为 1961~2002 年 6 个代表站点逐日的 Harg 公式、Mc 公式分别与 PM 公式计算值的散点图。从图 3-1 中可以看出,Harg 公式与 PM 公式的 ET_0 计算值散点图较为均匀地分布在斜率为 1 的直线两侧,即其拟合直线的斜率接近于 1;且 6 站点的 Harg 公式与 PM 公式 ET_0 计算值相关系数为 0.7~0.8,这表明总体上 Harg 公式计算值与 PM 公式计算值较为一致,Harg 公式与 PM 公式的一致性要比 Mc 公式与 PM 公式的一致性要好。

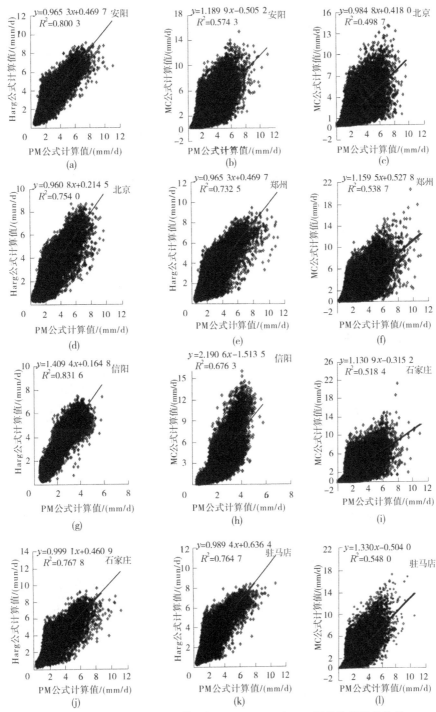

图 3-1　基于温度的 ET_0 计算法与 FAO56-PM 法 ET_0 逐日均值变化比较

三、不同模式估算的 ET_0 旬值序列评价

由图 3-2 可以看出,6 个站点的 Harg 公式与 PM 公式 ET_0 逐旬均值变化趋势都基本

一致,均是由第 1 旬逐渐增加,在第 15 旬间达到最大值,然后逐渐减小,二者基本保持同步,且达到峰值的旬序完全相同,均在第 15 旬。而 Mc 公式与 PM 公式变化趋势差异较大,Mc 公式计算的旬均值自始至终与 PM 公式存在明显偏差,尤其是峰值明显滞后于 PM 公式计算值,在第 21 旬达到最大,Mc 公式计算的峰值与最高温度出现的旬序相一致。

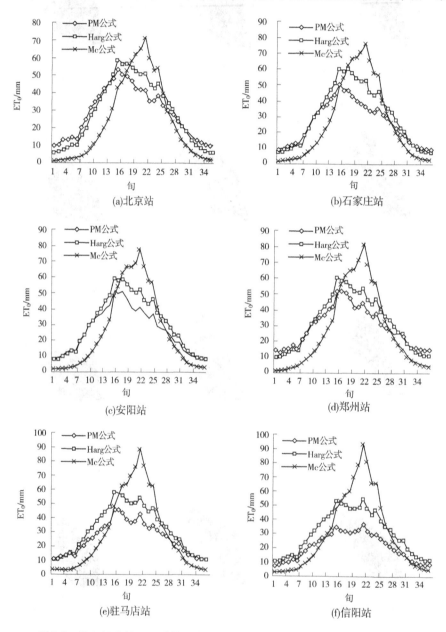

图 3-2　基于温度的 ET_0 计算法与 FAO56-PM 法 ET_0 逐旬均值变化比较

表 3-1 和表 3-2 给出了不同温度法公式旬对应均值的绝对偏差与相对偏差,6 个站点的 Harg 公式计算、Mc 公式计算与 PM 公式计算的平均偏差在夏季偏大,其他季节尤其是

表 3-1 基于温度的 ET_0 计算法与 FAO56-PM 法 ET_0 旬值的平均偏差

单位:mm

句	北京站		石家庄站		安阳站		郑州站		驻马店站		信阳站	
	Harg 公式计算值	Mc 公式计算值	Harg 公式计算值	Mc 公式计算值	Harg 公式计算值	Mc 公式计算值	Harg 公式计算值	Mc 公式计算值	Harg 公式计算值	Mc 公式计算值	Harg 公式计算值	Mc 公式计算值
1	-3.78	-7.97	-1.77	-6.74	-0.74	-6.48	-3.76	-10.25	-1.05	-7.96	3.02	-3.77
2	-4.11	-8.67	-1.56	-6.93	-0.76	-6.84	-2.56	-9.40	-0.22	-7.45	2.67	-4.29
3	-5.20	-11.11	-1.72	-8.70	-0.90	-8.47	-2.78	-10.90	-0.23	-8.80	2.93	-5.39
4	-4.26	-11.02	-1.49	-9.20	-0.73	-9.30	-1.75	-10.83	0.20	-9.22	3.30	-5.76
5	-3.92	-11.98	-1.15	-9.97	-0.55	-10.54	-1.43	-12.07	1.09	-9.82	3.62	-6.63
6	-3.46	-11.36	-1.41	-10.07	-0.54	-10.06	-1.08	-10.92	1.09	-8.69	2.90	-6.20
7	-3.87	-16.25	-0.93	-14.14	-0.17	-14.29	-0.52	-15.15	2.50	-11.83	5.25	-8.05
8	-3.88	-18.57	-0.31	-15.85	0.03	-16.03	1.04	-15.42	4.19	-11.75	6.13	-8.27
9	-4.13	-23.70	0.57	-19.50	-0.09	-20.20	1.13	-19.54	5.12	-13.99	7.67	-9.64
10	-3.19	-23.29	0.57	-19.11	0.29	-19.48	1.84	-18.60	6.85	-12.24	9.73	-7.23
11	-1.45	-22.94	1.97	-18.33	2.30	-17.80	3.97	-16.71	8.25	-11.15	11.05	-4.82
12	-1.40	-22.76	4.73	-15.53	4.05	-14.71	5.67	-13.41	9.59	-8.85	12.17	-2.12
13	0.40	-20.85	5.45	-14.18	4.87	-13.46	6.08	-12.19	10.08	-6.54	12.90	1.25
14	2.27	-16.96	6.50	-9.46	6.06	-9.62	7.72	-8.45	12.01	-2.61	14.97	4.81
15	6.12	-10.20	9.26	-1.85	8.14	-3.05	9.28	-2.40	13.47	3.06	18.50	12.68
16	5.85	-4.39	11.55	7.27	8.24	4.94	6.94	86.24	11.81	11.56	18.94	20.15
17	7.72	3.56	12.97	15.50	7.50	12.43	7.09	11.98	12.32	18.91	18.48	25.44
18	7.80	11.31	14.87	23.99	9.30	20.84	8.33	19.43	13.43	24.69	16.29	28.82

续表 3-1

旬	北京站		石家庄站		安阳站		郑州站		驻马店站		信阳站	
	Harg 公式计算值	Mc 公式计算值	Harg 公式计算值	Mc 公式计算值	Harg 公式计算值	Mc 公式计算值	Harg 公式计算值	Mc 公式计算值	Harg 公式计算值	Mc 公式计算值	Harg 公式计算值	Mc 公式计算值
19	9.98	19.13	14.57	27.93	11.65	26.83	10.56	25.81	14.28	33.26	16.03	38.15
20	9.12	23.15	13.57	32.34	11.83	31.69	9.61	32.17	12.88	38.96	15.44	45.74
21	10.20	30.75	16.09	39.53	11.77	38.18	9.81	38.46	12.37	45.10	17.57	54.46
22	8.98	24.81	12.27	32.19	9.08	31.56	8.24	32.53	12.64	41.43	15.67	47.73
23	7.38	17.82	11.16	24.99	9.18	24.51	8.71	24.35	11.88	30.79	14.43	36.74
24	7.42	15.37	11.04	21.89	9.93	21.43	9.89	21.13	12.95	28.68	16.80	35.70
25	5.75	5.65	7.55	9.90	8.81	12.19	8.66	11.95	7.70	14.14	13.09	21.87
26	4.61	-0.69	7.08	3.77	7.51	4.96	7.91	5.19	6.77	6.64	11.27	12.76
27	3.45	-4.63	6.57	-0.33	6.40	0.41	6.54	-0.09	6.45	2.13	12.17	9.10
28	2.36	-6.05	5.42	-2.58	5.53	-1.92	5.53	-2.39	5.44	-0.09	10.68	6.01
29	0.96	-7.36	4.54	-3.49	4.59	-2.87	3.99	-3.89	4.04	-1.84	8.92	3.63
30	-0.61	-9.24	2.95	-6.13	3.71	-5.73	1.83	-8.29	3.18	-5.54	9.46	1.56
31	-1.09	-8.19	1.89	-5.54	2.48	-5.35	1.12	-7.20	1.93	-5.51	7.19	0.27
32	-2.70	-8.57	0.31	-6.35	1.61	-5.92	-0.43	-8.56	1.30	-6.20	6.17	-0.81
33	-3.46	-8.53	-1.31	-7.04	0.49	-6.15	-2.46	-9.71	-0.24	-7.41	5.00	-1.92
34	-3.44	-7.95	-1.24	-6.38	0.28	-5.78	-2.58	-9.63	-0.05	-7.19	4.51	-2.29
35	-3.96	-8.09	-1.28	-6.05	-0.46	-5.94	-3.16	-9.48	-0.53	-7.02	3.37	-2.89
36	-4.15	-8.43	-1.78	-6.72	-0.70	-6.38	-3.57	-10.08	-0.90	-7.78	3.09	-3.60

表3-2 基于温度的 ET_0 计算法与 FAO56-PM 法 ET_0 旬值的平均相对偏差

单位:mm

旬	北京站 Harg 公式计算值	北京站 Mc 公式计算值	石家庄站 Harg 公式计算值	石家庄站 Mc 公式计算值	安阳站 Harg 公式计算值	安阳站 Mc 公式计算值	郑州站 Harg 公式计算值	郑州站 Mc 公式计算值	驻马店站 Harg 公式计算值	驻马店站 Mc 公式计算值	信阳站 Harg 公式计算值	信阳站 Mc 公式计算值
1	-34.89	-81.22	-12.85	-73.93	-3.65	-71.15	-20.74	-75.02	-2.30	-67.29	40.50	-50.24
2	-37.62	-83.66	-11.01	-75.93	-3.62	-73.37	-13.81	-76.11	2.43	-68.96	34.29	-55.73
3	-37.69	-84.65	-12.24	-78.10	-5.12	-75.20	-15.39	-76.71	3.50	-69.47	30.10	-58.16
4	-30.15	-83.82	-9.13	-78.15	-3.65	-75.69	-9.41	-76.21	4.66	-70.55	31.36	-59.16
5	-24.27	-81.86	-5.11	-75.28	-0.01	-73.21	-3.48	-73.12	13.21	-65.95	29.03	-57.30
6	-22.82	-81.98	-6.51	-75.79	-1.60	-73.72	-3.23	-73.71	13.92	-67.22	25.36	-59.92
7	-16.29	-79.69	-1.48	-72.77	1.85	-71.20	2.20	-71.11	20.64	-63.13	33.95	-54.19
8	-14.57	-76.79	2.30	-68.65	2.87	-67.01	8.03	-65.22	25.88	-57.05	34.17	-47.97
9	-11.39	-74.50	5.72	-66.05	1.70	-65.96	7.05	-64.54	25.92	-55.92	35.71	-46.47
10	-7.13	-67.76	5.27	-58.69	3.10	-58.54	9.03	-57.13	29.31	-47.05	44.12	-33.59
11	-0.97	-58.15	7.51	-50.02	9.86	-47.79	15.20	-45.88	32.14	-36.34	44.57	-19.92
12	-1.11	-53.46	15.23	-40.62	14.06	-38.25	18.32	-35.52	32.84	-27.19	44.95	-8.76
13	1.69	-45.11	14.54	-32.66	13.94	-30.97	19.35	-28.02	35.45	-16.39	45.92	3.56
14	6.20	-34.69	16.62	-20.81	15.91	-21.04	20.75	-18.79	37.45	-5.92	51.46	15.93
15	12.98	-19.02	19.90	-3.49	17.19	-5.56	20.14	-3.78	33.92	9.10	54.34	37.24
16	13.16	-8.86	25.56	16.11	17.52	10.32	15.40	8.81	29.80	27.71	60.19	63.35
17	16.70	7.28	29.28	34.41	15.64	24.52	15.89	23.92	33.24	46.50	58.97	80.25
18	18.12	24.81	38.37	58.69	20.81	44.35	19.27	41.22	38.71	67.68	54.34	94.89

续表 3-2

旬	北京站 Harg 公式计算值	北京站 Mc 公式计算值	石家庄站 Harg 公式计算值	石家庄站 Mc 公式计算值	安阳站 Harg 公式计算值	安阳站 Mc 公式计算值	郑州站 Harg 公式计算值	郑州站 Mc 公式计算值	驻马店站 Harg 公式计算值	驻马店站 Mc 公式计算值	信阳站 Harg 公式计算值	信阳站 Mc 公式计算值
19	24.57	44.94	37.49	69.98	30.98	66.81	28.24	64.40	45.18	97.23	53.24	120.13
20	23.16	56.06	38.13	85.99	32.41	82.06	25.02	76.60	41.90	110.33	49.22	139.12
21	26.84	75.98	49.18	112.88	32.23	94.12	24.54	87.80	33.55	109.60	49.02	147.81
22	26.39	72.42	40.40	102.78	25.52	86.53	22.78	85.79	41.86	124.08	49.84	149.27
23	21.51	50.71	36.97	79.60	27.70	71.10	27.44	71.20	41.17	100.45	50.47	127.13
24	20.21	40.64	33.83	64.30	28.48	58.95	28.04	57.42	42.39	87.67	57.32	120.66
25	18.84	18.60	25.03	32.05	32.01	43.20	31.13	42.31	25.54	45.30	50.34	83.34
26	15.95	-1.68	25.10	13.51	28.26	19.08	30.66	21.16	24.45	24.72	47.90	54.15
27	13.86	-15.28	25.72	-0.61	26.61	4.35	26.30	3.39	24.56	9.64	58.22	43.66
28	12.01	-23.74	25.48	-10.34	26.37	-6.07	25.60	-7.56	23.30	0.57	57.32	32.07
29	6.57	-34.16	25.60	-17.86	26.02	-12.01	22.67	-14.83	19.96	-7.77	54.63	22.00
30	-0.63	-46.05	19.06	-31.79	21.09	-27.58	11.06	-33.45	15.81	-22.91	60.18	9.66
31	-3.01	-52.88	18.87	-38.36	21.54	-34.33	10.87	-39.21	13.83	-29.96	59.54	1.95
32	-17.17	-62.94	7.72	-49.97	15.66	-45.99	1.40	-51.72	11.78	-39.71	60.92	-8.52
33	-25.64	-70.02	-6.40	-60.67	7.39	-54.96	-9.14	-60.56	2.26	-50.26	56.18	-22.03
34	-29.24	-74.09	-4.37	-63.52	6.09	-60.15	-11.15	-66.33	4.47	-56.05	56.33	-28.38
35	-35.76	-77.53	-8.15	-67.00	-1.41	-64.80	-17.35	-70.28	0.01	-60.36	46.42	-38.68
36	-36.96	-79.72	-10.41	-70.40	-3.46	-67.79	-19.89	-72.74	-1.87	-63.78	37.77	-45.45

冬季偏小,即 6 个站点平均偏差有随气温增高(降低)而增大(减小)的趋势;北京站第 13 旬到第 29 旬,石家庄站第 9 旬到第 32 旬,安阳站第 8 旬,第 10 旬到第 34 旬,郑州站第 8 旬到第 31 旬,驻马店站第 4 旬到第 32 旬的 Harg 公式计算值比 PM 公式计算值偏高,其余各旬比 PM 公式计算值偏低;信阳则在所有旬序均偏高。Harg 公式计算值在上述旬序比 PM 公式计算值偏高 0.03~18.94 mm(或 0.01%~60.92%);在其他月份偏低 0.09~5.35 mm(或 0.01%~37.69%)。

北京站第 17 旬到第 25 旬、石家庄站第 16 旬到第 26 旬、安阳站第 16 旬到第 27 旬、郑州站第 15 旬到第 27 旬、驻马店站第 15 旬到第 27 旬、信阳站的第 13 旬到第 31 旬的 Mc 公式计算值比 PM 公式计算值偏高,其余各旬比 PM 公式计算值偏低。Mc 公式计算值在上述旬序比 PM 公式计算值偏高 0.27~86.24 mm(或 0.57%~149.27%);在其他月份偏低 0.09~23.7 mm(或 0.61%~84.65%)。Mc 公式计算值与 PM 公式计算值的偏离趋势在图 3-2 中非常明显。MC 公式与 PM 公式计算值的平均偏差和平均相对偏差均大于 Harg 公式计算值。

相关性分析显示(见表 3-3),除信阳站的冬季相关性较差外,整体上,两种温度法 Harg 公式和 Mc 公式旬值序列与相应的 PM 公式计算值存在一定的相关性,但还有些旬相关不显著,如北京站第 30 旬至 36 旬、信阳站第 33 旬至 36 旬,相关系数偏低,甚至根本不存在相关。另外,除信阳站冬季外,各站点各旬 Harg 公式计算值与 PM 公式计算值的相关性明显优于 Mc 公式计算值与 PM 公式计算值的相关性,即 Harg 公式计算值与 PM 公式计算值的相关系数较大。逐旬序列的 t 检验表明(见表 3-4),各站点除少数旬序两种方法与 PM 公式计算值无显著差异外,多数旬序两种方法与 PM 公式计算值均存在显著差异。

四、不同估算模式的 ET_0 月值序列评价

由图 3-3 可以看出,6 个站点的 Harg 公式与 PM 公式 ET_0 逐月均值变化趋势都基本一致,均是从 1 月逐渐增加,在 6 月达到最大值,然后逐渐减小,二者基本保持同步,且达到峰值的月序完全相同。而 Mc 公式计算值和 Thorn 公式计算值变化趋势基本一致,但它们与 PM 公式计算值变化趋势差异较大,Mc 公式计算值和 Thorn 公式计算的月均值自始至终与 PM 公式计算值存在明显偏差,峰值明显滞后于 PM 公式计算值,均在 7 月达到最大,与最高温度出现的月份相一致。

表 3-5 和表 3-6 给出了不同计算法公式月对应均值的绝对偏差与相对偏差,6 个站点的 Harg 公式、Mc 公式、Thorn 公式与 PM 公式的平均偏差在夏季偏大,其他季节尤其是冬季则偏小,即 6 个站点平均偏差有随气温增高(降低)而增大(减小)的趋势;北京站第 5 月到第 10 月、石家庄站第 4 月到第 11 月、安阳站第 4 月到第 11 月、郑州站第 3 月到第 10 月、驻马店站第 2 月到第 11 月的 Harg 公式计算值比 PM 公式计算值偏高,其余各月比 PM 公式计算值偏低;信阳则在所有月份均偏高。Harg 公式计算值在上述月份比 PM 公式计算值偏高 0.88~53.71 mm(或 0.81%~59.04%),在其他月份偏低 0.24~13.09 mm

（或 0.04%~38.34%）。

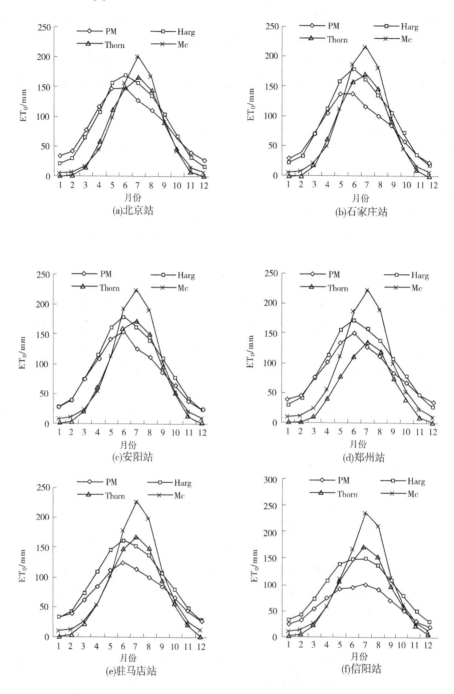

图 3-3　基于温度的 ET_0 计算法与 FAO56-PM 法 ET_0 逐月均值变化比较

表3-3　基于温度的 ET_0 计算法与 FAO56-PM 法 ET_0 旬值的相关系数

句	北京站		石家庄站		安阳站		郑州站		驻马店站		信阳站	
	Harg 公式计算值	Mc 公式计算值	Harg 公式计算值	Mc 公式计算值	Harg 公式计算值	Mc 公式计算值	Harg 公式计算值	Mc 公式计算值	Harg 公式计算值	Mc 公式计算值	Harg 公式计算值	Mc 公式计算值
1	0.34	0.40	0.72	0.63	0.80	0.63	0.69	0.50	0.83	0.51	0.21	0.50
2	0.42	0.17	0.67	0.53	0.78	0.47	0.65	0.32	0.83	0.43	0.49	0.73
3	0.31	0.36	0.73	0.60	0.81	0.63	0.70	0.47	0.80	0.54	0.80	0.72
4	0.50	0.40	0.76	0.69	0.83	0.66	0.79	0.62	0.89	0.71	0.89	0.86
5	0.62	0.34	0.88	0.69	0.93	0.74	0.85	0.62	0.90	0.65	0.90	0.84
6	0.67	0.49	0.80	0.75	0.89	0.78	0.87	0.73	0.94	0.78	0.91	0.84
7	0.66	0.53	0.78	0.65	0.82	0.72	0.82	0.66	0.90	0.70	0.89	0.77
8	0.83	0.70	0.87	0.75	0.86	0.68	0.88	0.61	0.89	0.69	0.96	0.84
9	0.73	0.57	0.82	0.72	0.88	0.75	0.86	0.73	0.89	0.75	0.92	0.80
10	0.59	0.39	0.81	0.64	0.83	0.62	0.79	0.70	0.84	0.68	0.80	0.69
11	0.77	0.45	0.86	0.61	0.90	0.68	0.92	0.75	0.92	0.75	0.79	0.69
12	0.75	0.71	0.86	0.75	0.91	0.77	0.91	0.74	0.88	0.75	0.82	0.82
13	0.56	0.26	0.62	0.41	0.86	0.66	0.90	0.77	0.96	0.78	0.90	0.77
14	0.79	0.57	0.93	0.77	0.89	0.70	0.88	0.73	0.92	0.78	0.89	0.76
15	0.86	0.75	0.90	0.75	0.87	0.82	0.92	0.80	0.95	0.75	0.80	0.55
16	0.87	0.75	0.81	0.50	0.81	0.74	0.85	0.08	0.92	0.76	0.86	0.68
17	0.85	0.72	0.83	0.51	0.78	0.62	0.84	0.78	0.93	0.81	0.89	0.73
18	0.92	0.81	0.90	0.67	0.85	0.68	0.90	0.86	0.91	0.79	0.74	0.72

续表 3-3

句	北京站 Harg 公式计算值	北京站 Mc 公式计算值	石家庄站 Harg 公式计算值	石家庄站 Mc 公式计算值	安阳站 Harg 公式计算值	安阳站 Mc 公式计算值	郑州站 Harg 公式计算值	郑州站 Mc 公式计算值	驻马店站 Harg 公式计算值	驻马店站 Mc 公式计算值	信阳站 Harg 公式计算值	信阳站 Mc 公式计算值
19	0.89	0.77	0.91	0.68	0.86	0.65	0.91	0.69	0.91	0.81	0.78	0.83
20	0.94	0.73	0.88	0.65	0.83	0.64	0.91	0.83	0.92	0.89	0.82	0.85
21	0.90	0.77	0.89	0.69	0.80	0.77	0.86	0.80	0.90	0.86	0.67	0.83
22	0.88	0.41	0.87	0.45	0.83	0.33	0.87	0.57	0.93	0.81	0.81	0.79
23	0.72	0.51	0.78	0.53	0.77	0.67	0.79	0.74	0.86	0.80	0.83	0.73
24	0.85	0.47	0.88	0.58	0.84	0.65	0.90	0.67	0.92	0.80	0.91	0.75
25	0.83	0.37	0.92	0.59	0.93	0.54	0.91	0.56	0.91	0.70	0.65	0.74
26	0.77	0.43	0.88	0.57	0.89	0.62	0.87	0.65	0.90	0.64	0.72	0.72
27	0.56	0.20	0.83	0.56	0.93	0.65	0.91	0.59	0.91	0.67	0.51	0.43
28	0.54	0.14	0.80	0.43	0.81	0.49	0.81	0.51	0.90	0.69	0.90	0.64
29	0.68	0.20	0.84	0.59	0.91	0.59	0.84	0.48	0.90	0.71	0.72	0.55
30	0.13	0.05	0.60	0.22	0.74	0.39	0.66	0.19	0.82	0.37	0.67	0.64
31	0.47	0.10	0.83	0.60	0.78	0.55	0.76	0.37	0.88	0.54	0.49	0.52
32	0.30	-0.01	0.67	0.39	0.73	0.39	0.68	0.26	0.84	0.50	0.28	0.63
33	0.45	0.09	0.72	0.47	0.81	0.37	0.69	0.30	0.77	0.25	0.21	0.65
34	0.11	0.03	0.61	0.58	0.70	0.51	0.56	0.34	0.74	0.28	0.08	0.43
35	0.32	-0.05	0.71	0.53	0.72	0.55	0.55	0.24	0.74	0.32	-0.11	0.19
36	0.24	0.13	0.76	0.66	0.75	0.46	0.69	0.49	0.80	0.44	0.54	0.78

表 3-4 基于温度的 ET_0 计算法与 FAO56-PM 法 ET_0 旬值的 t 检验

句	北京站 Harg 公式计算值	北京站 Mc 公式计算值	石家庄站 Harg 公式计算值	石家庄站 Mc 公式计算值	安阳站 Harg 公式计算值	安阳站 Mc 公式计算值	郑州站 Harg 公式计算值	郑州站 Mc 公式计算值	驻马店站 Harg 公式计算值	驻马店站 Mc 公式计算值	信阳站 Harg 公式计算值	信阳站 Mc 公式计算值
1	8.876 2*	17.109 3*	4.246 4*	13.280 9*	2.676 7*	15.645 0*	5.942 4*	13.065 9*	2.766 5*	13.557 1*	8.973 5*	25.362 2*
2	12.263 8*	21.298 8*	4.090 1*	14.484 5*	2.678 0*	15.752 8*	4.370 3*	13.034 3*	0.671 0	14.364 3*	8.895 8*	33.901 3*
3	11.367 6*	21.852 6*	4.897 0*	17.873 0*	2.912 9*	17.407 7*	4.646 9*	13.873 9*	0.492 2	12.774 3*	8.306 3*	30.022 0*
4	9.926 2*	21.221 1*	4.179 8*	18.593 5*	2.517 4*	19.521 4*	4.552 1*	18.390 6*	0.722 0	17.433 2*	8.593 8*	30.252 7*
5	8.843 5*	19.856 0*	3.422 7*	16.692 3*	1.775 6	16.611 2*	2.561 1*	13.833 1*	2.720 0*	13.320 5*	8.799 6*	32.691 0*
6	8.209 1*	19.771 6*	3.011 5*	15.317 0*	1.808 6	17.798 4*	2.304 9*	13.944 4*	3.484 4*	13.041 4*	7.366 6*	29.923 3*
7	6.754 9*	21.030 6*	1.749 4	18.300 8*	0.382 9	20.286 4*	0.797 6	15.823 6*	4.754 1*	13.377 2*	12.717 3*	29.017 7*
8	8.672 1*	24.651 6*	0.610 0	19.945 4*	0.052 1	19.128 9*	1.976 1	17.302 3*	8.395 7*	14.618 6*	16.065 2*	30.892 9*
9	6.352 1*	24.859 4*	0.811 1	20.026 5*	0.169 5	21.303 1*	1.619 2	18.348 8*	8.696 7*	15.919 2*	16.005 3*	25.514 9*
10	3.989 8*	21.817 5*	0.747 1	18.813 2*	0.497 2	21.250 1*	2.167 2*	17.374 5*	14.224 0*	18.230 7*	16.771 3*	17.077 8*
11	1.941 6	19.831 3*	3.422 0*	19.527 5*	3.477 2*	17.713 2*	6.418 9*	16.569 6*	17.200 0*	14.077 6*	18.674 6*	8.937 0*
12	1.609 8	21.179 1*	6.842 4*	16.984 9*	5.925 6*	15.641 6*	9.451 7*	14.629 6*	16.511 7*	11.770 6*	20.517 9*	3.366 8*
13	0.595 6	21.545 7*	7.007 0*	14.139 1*	7.377 0*	14.024 8*	6.405 9*	10.866 7*	15.736 2*	6.558 8*	24.673 4*	1.513 3
14	2.896 1*	15.284 6*	10.243 8*	10.732 4*	9.443 1*	10.352 4*	10.834 3*	9.040 6*	20.274 6*	3.286 5*	25.666 5*	6.099 9*
15	8.117 6*	9.266 5*	13.046 7*	1.540 3	11.283 8*	3.209 8*	11.360 6*	2.248 7	20.626 6*	2.921 2*	26.154 5*	11.723 7*
16	7.943 7*	3.860 2*	17.171 3*	5.805 3*	10.828 5*	4.908 9*	7.212 5*	1.067 3	13.867 5*	11.171 2*	30.626 1*	18.006 4*
17	13.039 9*	3.156 2*	16.978 4*	10.474 0*	9.630 8*	10.117 1*	7.684 1*	10.461 0*	14.474 8*	15.039 6*	29.413 3*	18.884 0*
18	13.309 5*	10.699 4*	19.750 3*	15.390 5*	14.086 9*	14.457 3*	11.538 0*	17.232 0*	18.662 4*	20.538 9*	22.741 0*	23.259 3*

续表 3-4

句	北京站 Harg公式计算值	北京站 Mc公式计算值	石家庄站 Harg公式计算值	石家庄站 Mc公式计算值	安阳站 Harg公式计算值	安阳站 Mc公式计算值	郑州站 Harg公式计算值	郑州站 Mc公式计算值	驻马店站 Harg公式计算值	驻马店站 Mc公式计算值	信阳站 Harg公式计算值	信阳站 Mc公式计算值
19	18.084 8*	15.740 0*	26.684 0*	19.155 1*	14.613 1*	17.836 7*	14.947 8*	18.260 5*	18.376 7*	19.101 1*	24.737 5*	16.130 7*
20	18.905 5*	17.586 1*	19.554 0*	20.352 0*	16.176 4*	19.974 9*	13.089 2*	19.625 9*	13.579 9*	22.908 1*	24.458 5*	18.435 9*
21	15.803 8*	18.232 4*	18.246 2*	21.168 8*	12.640 9*	22.995 3*	12.914 0*	22.736 9*	15.587 5*	24.948 1*	21.316 1*	22.937 9*
22	20.737 7*	20.506 5*	19.597 7*	21.538 8*	16.485 9*	20.274 3*	15.768 7*	19.813 8*	15.959 8*	23.180 5*	24.672 2*	21.134 6*
23	16.639 1*	16.292 3*	18.663 7*	18.920 3*	16.772 7*	22.000 3*	13.345 8*	23.526 9*	18.603 8*	27.528 2*	28.093 7*	26.317 9*
24	16.184 3*	12.815 9*	18.991 5*	17.736 3*	17.566 3*	17.086 1*	18.156 2*	15.823 5*	19.815 6*	19.297 6*	27.127 0*	18.301 2*
25	13.132 6*	5.248 7*	24.312 9*	8.835 4*	19.290 7*	9.817 4*	19.247 5*	10.453 7*	20.080 3*	12.008 4*	16.232 7*	15.059 1*
26	12.033 9*	0.933 7	20.597 2*	5.171 0*	18.003 2*	6.218 3*	16.695 3*	6.612 1*	16.352 3*	8.514 0*	15.097 9*	14.865 7*
27	6.303 3*	5.588 7*	16.870 0*	0.477 2	15.076 5*	0.551 6	14.917 2*	0.115 4	16.051 3*	3.135 4*	15.028 7*	12.910 3*
28	4.730 8*	8.211 9*	14.977 0*	4.082 1*	12.271 3*	2.606 8*	11.801 2*	3.213 8*	14.067 5*	0.131 3	16.233 9*	7.736 8*
29	2.364 2*	11.715 7*	15.311 5*	7.857 1*	15.291 3*	4.965 0*	8.296 6*	5.098 4*	12.256 3*	3.605 7*	13.829 9*	5.551 2*
30	1.003 5	13.815 2*	6.097 5*	9.479 5*	9.694 1*	9.941 5*	2.942 9*	9.530 8*	7.763 6*	7.905 0*	15.049 6*	3.926 5*
31	2.302 3*	13.875 5*	5.008 3*	10.602 3*	6.611 6*	10.837 6*	2.463 3*	10.857 5*	6.332 5*	9.931 8*	12.667 3*	0.752 7
32	6.260 2*	16.756 3*	0.756 1	11.894 2*	5.392 7*	14.126 3*	0.843 4	12.258 5*	3.977 5*	11.317 1*	12.157 6*	2.597 4*
33	8.755 6*	17.527 0*	3.254 0*	13.217 9*	1.879 5	14.331 4*	3.900 9*	11.734 8*	0.555 7	11.107 7*	11.019 3*	8.658 5*
34	8.395 1*	18.774 4*	2.359 6*	10.942 0*	0.946 2	15.278 2*	3.591 5*	11.528 9*	0.125 4	12.744 4*	11.533 3*	9.690 2*
35	11.051 4*	19.690 4*	3.495 1*	13.320 4*	1.636 2	15.857 0*	5.147 0*	13.073 7*	1.476 9	13.624 8*	8.790 1*	16.069 0*
36	10.565 7*	19.631 1*	3.828 0*	12.031 5*	2.249 1*	14.319 6*	5.189 4*	11.966 6*	2.010 3	11.569 9*	7.879 9*	19.280 2*

注:1. 资料年限 $n=42$,$t_{0.05}=2.019\ 5$。

2. *为显著差异 ET_0 旬值序列评价。

表3-5　基于温度的 ET_0 计算法与 FAO56-PM 法 ET_0 月值的平均偏差

单位：mm

月份	北京站			石家庄站			安阳站			郑州站			驻马店站			信阳站		
	Harg 公式计算值	Mc 公式计算值	Thorm 公式计算值	Harg 公式计算值	Mc 公式计算值	Thorm 公式计算值	Harg 公式计算值	Mc 公式计算值	Thorm 公式计算值	Harg 公式计算值	Mc 公式计算值	Thorm 公式计算值	Harg 公式计算值	Mc 公式计算值	Thorm 公式计算值	Harg 公式计算值	Mc 公式计算值	Thorm 公式计算值
1	-13.09	-27.75	-33.02	-5.02	-22.29	-28.75	-2.40	-21.78	-29.04	-9.10	-30.54	-39.08	-1.50	-24.22	-33.99	8.63	-13.45	-22.37
2	-11.63	-34.36	-40.87	-3.95	-29.07	-37.28	-1.82	-29.89	-37.54	-4.26	-33.83	-44.69	2.38	-27.73	-37.68	9.82	-18.59	-26.26
3	-11.87	-58.52	-61.71	-0.61	-49.26	-52.38	-0.24	-50.52	-53.46	1.65	-50.12	-64.57	11.81	-37.56	-40.76	19.05	-25.97	-29.95
4	-6.04	-68.99	-57.51	7.39	-52.68	-44.63	6.63	-51.99	-45.78	11.48	-48.71	-62.43	24.70	-32.24	-28.40	32.95	-14.17	-13.11
5	8.78	-48.01	-36.37	21.50	-24.88	-22.57	19.07	-26.13	-25.64	23.09	-23.04	-56.13	35.56	-6.09	-7.11	46.37	18.74	15.09
6	21.37	10.47	0.38	39.57	47.26	18.37	25.03	38.21	4.85	22.36	117.66	42.06	37.56	55.16	22.69	53.71	74.40	49.42
7	29.30	73.02	39.67	44.18	99.61	53.28	35.25	96.71	45.51	29.98	96.45	7.81	39.53	117.31	54.59	49.04	138.35	71.46
8	23.77	57.99	32.92	34.11	78.70	44.11	28.19	77.49	36.79	26.84	78.01	9.18	37.47	100.90	48.60	46.91	120.17	62.57
9	13.81	0.33	-0.53	20.88	13.44	6.81	22.72	17.56	7.98	23.12	17.06	-10.07	20.91	22.91	9.04	36.53	43.73	27.04
10	2.71	-22.65	-19.90	12.66	-12.34	-12.17	13.84	-10.52	-11.72	11.35	-14.58	-27.88	12.66	-7.46	-10.47	29.06	11.21	6.68
11	-7.24	-25.29	-31.77	0.88	-18.81	-25.42	4.58	-17.42	-23.60	-1.77	-25.48	-38.80	3.00	-19.12	-24.23	18.36	-2.46	-8.31
12	-9.78	-20.73	-26.48	-3.48	-16.06	-23.22	-0.67	-15.31	-22.43	-7.79	-24.59	-33.85	-1.00	-18.44	-28.79	9.41	-7.29	-14.04

表 3-6 基于温度的 ET_0 计算法与 FAO56-PM 法 ET_0 月值的平均相对偏差

%

| 月份 | 北京站 | | | 石家庄站 | | | 安阳站 | | | 郑州站 | | | 驻马店站 | | | 信阳站 | | |
	Harg 公式 计算值	Mc 公式 计算值	Thorn 公式 计算值	Harg 公式 计算值	Mc 公式 计算值	Thorn 公式 计算值	Harg 公式 计算值	Mc 公式 计算值	Thorn 公式 计算值	Harg 公式 计算值	Mc 公式 计算值	Thorn 公式 计算值	Harg 公式 计算值	Mc 公式 计算值	Thorn 公式 计算值	Harg 公式 计算值	Mc 公式 计算值	Thorn 公式 计算值
1	-38.34	-83.73	-100.00	-14.41	-76.73	-99.85	-5.72	-73.83	-99.78	-19.02	-76.79	-99.98	-1.00	-69.63	-99.57	34.90	-54.76	-91.12
2	-27.21	-82.88	-98.95	-9.12	-76.67	-98.65	-2.63	-74.29	-94.38	-7.50	-74.87	-99.66	8.56	-68.48	-94.42	29.52	-58.21	-82.22
3	-14.66	-76.83	-81.39	0.81	-69.06	-73.78	0.93	-67.92	-72.20	3.93	-67.12	-86.80	21.54	-59.19	-64.79	35.19	-48.81	-56.41
4	-3.93	-59.76	-49.45	8.14	-49.64	-41.79	7.85	-48.14	-42.03	12.38	-46.32	-58.96	29.62	-36.72	-31.95	44.56	-19.46	-17.87
5	6.53	-32.42	-24.17	16.26	-18.14	-16.02	15.05	-18.39	-17.39	18.77	-16.30	-39.60	33.30	-4.51	-4.48	50.54	20.09	16.50
6	14.97	7.16	0.78	29.38	34.91	14.25	17.20	25.91	4.10	15.82	22.04	-25.57	31.25	44.68	19.80	57.14	79.03	52.83
7	23.81	57.57	32.31	39.16	86.63	47.25	30.30	79.77	38.88	24.33	75.46	7.58	36.13	103.12	49.96	49.21	137.14	71.62
8	21.93	53.06	30.53	35.69	80.20	46.12	26.31	71.22	34.55	25.08	70.51	9.97	40.03	102.53	52.15	52.19	133.14	69.98
9	15.90	0.95	0.22	25.01	15.67	8.33	27.72	21.60	10.88	28.08	21.39	-9.65	24.43	26.91	11.35	52.11	62.15	38.61
10	5.39	-34.77	-30.35	22.87	-19.66	-19.34	23.65	-15.29	-17.12	18.63	-19.46	-38.68	19.34	-10.21	-14.46	57.75	22.18	13.27
11	-16.87	-62.76	-79.43	4.75	-50.65	-69.70	14.06	-45.35	-62.45	-1.46	-52.07	-80.56	8.07	-40.71	-52.55	59.04	-8.18	-27.03
12	-33.51	-76.26	-99.90	-10.13	-66.47	-99.80	-0.04	-63.34	-94.84	-17.06	-69.11	-99.95	0.98	-58.93	-97.55	48.10	-34.34	-61.56

北京站第 6 月到第 9 月、石家庄站第 6 月到第 9 月、安阳站第 6 月到第 9 月、郑州站第 6 月到第 9 月、驻马店站第 6 月到第 9 月、信阳站第 5 月到第 10 月的 Mc 公式计算值比 PM 公式计算值偏高,其余各月比 PM 公式计算值偏低。Mc 公式计算值在上述月序比 PM 公式计算值偏高 0.33~138.35 mm(或 0.95%~137.14%);在其他月份偏低 2.46~68.99 mm(或 4.51%~83.73%)。Mc 公式计算值与 PM 公式计算值的偏离趋势非常明显,其与 PM 公式计算值的平均偏差和平均相对偏差均大于 Harg 公式计算值。

北京站第 6 月到第 8 月、石家庄站第 6 月到第 9 月、安阳站第 6 月到第 9 月、郑州站第 6 月到第 8 月、驻马店站第 6 月到第 9 月、信阳站第 5 月到第 10 月的 Thorn 公式计算值比 PM 公式计算值偏高,其余各月比 PM 公式计算值偏低。Thorn 公式计算值在上述月份比 PM 公式计算值偏高 0.38~71.46 mm(或 0.22%~71.62%);在其他月份偏低 0.53~64.57 mm(或 4.48%~100.00%)。特别是黄淮海北部(北京站和石家庄站),在 12 月和 1 月当温度低于 0 ℃时,计算结果全部为 0,造成与 FAO56-PM 结果相对偏差接近 100%。Thorn 公式计算值与 FAO56-PM 的偏离趋势在图 3-2 中也非常明显,其与 PM 公式计算值的平均偏差和平均相对偏差均大于 Harg 公式计算值。

相关性分析表明(见表 3-7),6 个站点的 Harg 公式月值序列与相应的 PM 公式在 3 种温度法中相关系数最大,一般在 0.6 以上。Mc 公式次之,而 Thorn 公式与 PM 公式的相关性最差,特别是各站点 12 月相关系数很小,甚至不显著。逐月序列的 t 检验(见表 3-8)表明,不同方法各站点除极少数月份与 PM 公式计算值无显著差异外,绝大多数月份均有显著差异。

五、年 ET₀ 值序列评价

由图 3-4 可以看出,6 个站点 Harg 公式计算值与 PM 公式计算值的历年变化趋势基本一致,二者吻合性相对较好。Thorn 公式计算值的历年变化趋势不明显,波动较小,与 PM 公式计算值相差最多,这说明该方法不能对某些气象要素的变化做出响应,从而不能真实反映 ET₀ 变化。Mc 公式的计算结果介于 Harg 公式与 Thorn 公式之间。

由 6 个站点 41 年年值平均偏差和相对偏差分析可知,Harg 公式在全部站点的大多数年份比 PM 公式的计算值偏高,偏高 0.04~497.85 mm(或 0.004%~65.63%);只在极少数年份偏低 5.70~93.96 mm(或 0.52%~7.50%)。除信阳站外,Thorn 公式在其他站点比 PM 公式计算值偏低,偏低 2.18~617.06 mm(或 0.27%~49.5%);信阳站 Thorn 公式在绝大多数年份比 PM 公式计算值偏高,偏高 74.44~169.38 mm(或 9.68%~23.93%)。Mc 公式在北京站点绝大多数年份比 PM 公式计算值偏低,偏低 11.47~292.00 mm(或 1.17%~28.00%);在信阳、驻马店两站点均比 PM 公式计算值偏高,偏高 5.75~425.88 mm(或 6.56%~57.95%);在石家庄站、安阳站、郑州站部分年份与 PM 公式计算值接近,偏高年份中比 PM 公式计算值偏高 0.04~267.73 mm(或 0.004%~30.24%),偏低年份中比 PM 公式计算值偏低 2.05~167.18 mm(或 0.19%~14.22%)。以上高估趋势或低估趋势在图 3-3 中十分明显,Harg 公式与 PM 公式的吻合程度最高,其次为 Mc 公式,吻合最差的为 Thorn 公式。

表 3-7　基于温度的 ET_0 计算法与 FAO56–PM 法 ET_0 月值的相关系数

月份	北京站			石家庄站			安阳站			郑州站			驻马店站			信阳站		
	Harg 公式计算值	Mc 公式计算值	Thorm 公式计算值	Harg 公式计算值	Mc 公式计算值	Thorm 公式计算值	Harg 公式计算值	Mc 公式计算值	Thorm 公式计算值	Harg 公式计算值	Mc 公式计算值	Thorm 公式计算值	Harg 公式计算值	Mc 公式计算值	Thorm 公式计算值	Harg 公式计算值	Mc 公式计算值	Thorm 公式计算值
1	0.44	0.37	0.02	0.75	0.57	0.16	0.83	0.59	0.41	0.70	0.43	0.11	0.82	0.52	0.15	0.53	0.59	0.58
2	0.66	0.44	0.37	0.83	0.65	0.28	0.90	0.73	0.65	0.84	0.61	0.11	0.92	0.70	0.30	0.91	0.84	0.76
3	0.79	0.66	0.62	0.83	0.71	0.68	0.83	0.71	0.68	0.92	0.66	0.31	0.91	0.72	0.75	0.94	0.82	0.84
4	0.81	0.61	0.62	0.90	0.64	0.70	0.92	0.70	0.72	0.92	0.72	0.18	0.91	0.72	0.73	0.74	0.74	0.76
5	0.77	0.55	0.55	0.87	0.64	0.67	0.89	0.81	0.82	0.93	0.83	0.27	0.95	0.83	0.84	0.85	0.75	0.77
6	0.86	0.69	0.71	0.84	0.36	0.42	0.79	0.52	0.53	0.85	-0.10	-0.02	0.91	0.72	0.72	0.81	0.62	0.63
7	0.93	0.83	0.84	0.88	0.58	0.61	0.80	0.60	0.60	0.87	0.72	0.38	0.91	0.83	0.80	0.75	0.82	0.81
8	0.87	0.49	0.52	0.81	0.49	0.54	0.80	0.51	0.52	0.86	0.68	0.26	0.93	0.85	0.83	0.87	0.76	0.74
9	0.75	0.36	0.37	0.81	0.53	0.54	0.91	0.49	0.49	0.89	0.44	-0.22	0.86	0.51	0.51	0.47	0.66	0.64
10	0.56	0.25	0.23	0.76	0.39	0.41	0.78	0.38	0.41	0.76	0.30	-0.31	0.87	0.59	0.56	0.80	0.63	0.57
11	0.36	0.08	0.15	0.78	0.51	0.58	0.71	0.36	0.33	0.71	0.29	-0.19	0.87	0.44	0.47	0.32	0.66	0.61
12	0.84	0.69	-0.15	0.86	0.77	-0.24	0.90	0.79	-0.10	0.83	0.69	-0.24	0.91	0.72	0.03	0.90	0.85	-0.24

表3-8　基于温度的 ET_0 计算法与 FAO56-PM 法 ET_0 月值的 t 检验

月份	北京站			石家庄站			安阳站			郑州站			驻马店站			信阳站		
	Harg公式计算值	Mc公式计算值	Thorm公式计算值	Harg公式计算值	Mc公式计算值	Thorm公式计算值	Harg公式计算值	Mc公式计算值	Thorm公式计算值	Harg公式计算值	Mc公式计算值	Thorm公式计算值	Harg公式计算值	Mc公式计算值	Thorm公式计算值	Harg公式计算值	Mc公式计算值	Thorm公式计算值
1	15.130 6*	30.261 5*	34.274 9*	5.871 8*	20.953 4*	24.795 7*	3.538 2*	21.291 3*	26.291 0*	6.208 8*	17.352 8*	21.095 8*	1.602 9	16.883 2*	20.754 1*	12.620 4*	34.206 8*	38.868 4*
2	14.350 2*	34.550 6*	39.582 6*	5.698 7*	28.273 0*	31.869 2*	2.645 6*	25.409 0*	31.275 1*	4.507 5*	23.588 2*	27.411 2*	3.466 2*	18.654 8*	21.152 7*	11.626 1*	36.475 8*	37.444 0*
3	9.993 2*	38.701 9*	42.098 8*	0.487 4	31.327 8*	34.188 3*	0.207 3	32.986 1*	36.246 4*	1.380 9	28.473 3*	31.305 2*	10.774 3*	20.688 8*	23.004 8*	21.545 1*	34.209 5*	33.991 5*
4	3.5402 1*	32.641 8*	27.180 9*	5.954 9*	28.256 2*	24.824 7*	4.808 5*	26.597 6*	23.207 7*	9.618 7*	26.319 8*	24.765 7*	23.816 5*	20.340 0*	18.032 0*	21.428 8*	13.395 9*	16.453 4*
5	5.7854 2*	21.725 9*	18.472 4*	14.350 0*	10.585 6*	10.586 1*	11.580 8*	13.927 5*	11.975 3*	12.692 1*	10.983 9*	15.765 4*	24.138 2*	3.475 8*	3.504 8*	29.990 9*	9.804 2*	14.087 3*
6	18.357 7*	4.472 1*	0.239 5	26.648 7*	14.323 3*	7.769 1*	15.943 9*	14.644 5*	2.245 5*	10.972 5*	1.462 2	0.525 6	20.185 5*	20.660 3*	9.651 8*	32.344 6*	26.448 5*	31.968 5*
7	32.544 7*	24.279 7*	30.634 4*	36.166 0*	28.038 6*	28.504 2*	19.663 1*	31.864 7*	20.792 9*	19.791 1*	36.592 3*	3.211 2*	22.650 7*	29.545 1*	22.924 2*	28.628 0*	26.344 4*	34.866 9*
8	33.035 7*	24.653 7*	25.478 5*	26.082 0*	29.958 3*	24.634 1*	24.076 9*	31.599 1*	22.227 2*	20.295 8*	30.671 6*	4.005 9*	21.438 4*	29.482 8*	20.477 9*	31.708 7*	27.308 0*	35.045 2*
9	13.86 5*	0.172 93	0.372 61	28.711 5*	7.079 4*	6.241 4*	25.500 7*	7.968 2*	4.835 5*	26.821 9*	8.393 0*	4.468 8*	21.128 4*	11.460 5*	6.365 4*	18.772 3*	19.221 2*	24.583 7*
10	2.531 95*	16.566*	14.626 2*	15.071 1*	9.638 4*	10.009 0*	14.364 9*	6.822 2*	8.176 4*	9.413 9*	8.070 7*	12.677 4*	15.146 8*	5.599 7*	8.212 6*	20.883 4*	9.933 2*	8.176 5*
11	8.5572 7*	26.979 9*	32.986 9*	1.146 0	18.684 7*	26.750 7*	6.203 2*	17.725 7*	23.307 2*	1.620 8	17.638 7*	22.520 0*	4.232 9*	14.603 7*	18.121 7*	16.813 9*	4.044 6*	11.737 6*
12	9.6136 1*	14.343 4*	16.143 2*	4.223 8*	12.652 3*	14.989 4*	1.025 7	13.156 3*	15.206 3*	5.384 3*	11.810 3*	14.213 7*	1.207 5	11.282 6*	13.923 7*	11.560 5*	12.112 4*	11.422 5*

注：1. 资料年限 $n=42$，$t_{0.05}=2.019\ 5$。
2. * 为显著差异 ET_0 月值序列评价。

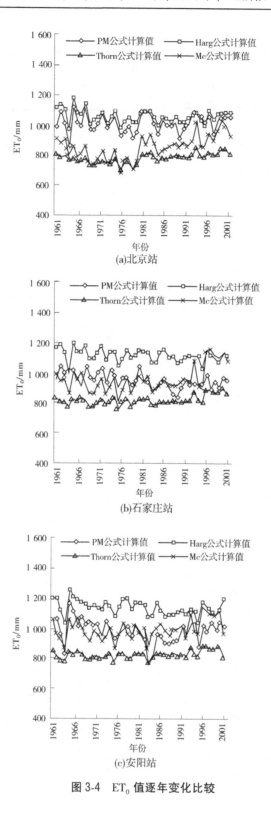

(a)北京站

(b)石家庄站

(c)安阳站

图 3-4　ET$_0$ 值逐年变化比较

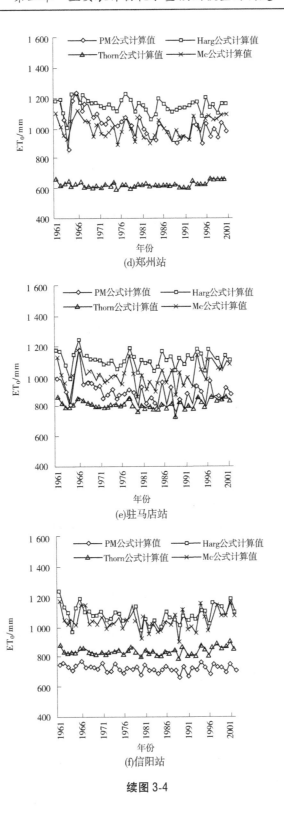

(d)郑州站

(e)驻马店站

(f)信阳站

续图 3-4

综上所述,在基于温度的所有方法中,Harg 公式表现最好,Thorn 公式表现最差。Harg 公式最初在美国西北部较干旱的气候条件下建立,而且公式中考虑了到达地面的太阳辐射。同时,公式中的温差项进一步补偿了平流能量的影响,因而更接近黄淮海地区的气候条件,故与 PM 公式计算值一致性程度最好。因此,在仅有气温数据的条件下,在黄淮海地区应优先选用 Harg 公式。另外,不同时间尺度相关分析显示,Harg 公式与 PM 公式显著相关,在 3 种温度法中相关系数最高,据此可进一步对 Harg 公式进行修正,以提高 Harg 公式的估算精度。

六、Hargrevas 公式的修正

Harg 公式在黄淮海地区计算得到的 ET_0 总体表现不错,但在总量和季节分配上仍与 PM 公式计算结果存在一定偏差,因此可采用一定的方法对 Harg 公式计算结果进行修正,使其更符合实际情况,通常采用比例修正法、回归修正法和对公式内部参数进行率定修正。

Harg 修正公式 1:

$$ET_0(HG1) = K_R ET_0(HG) \tag{3-5}$$

Harg 修正公式 2:

$$ET_0(HG2) = a ET_0(HG) + b \tag{3-6}$$

式中 $ET_0(HG1)$、$ET_0(HG2)$——比例修正法和回归修正法的修正结果;

K_R——比例修正因子(可能随季节变化);

a、b——回归系数。

比例修正法相当于根据研究区具体气象特征对 Harg 公式中系数 0.002 3 进行修正,而回归修正法则另外增加了一个常数项 b。

考虑到黄淮海不同地域(纬度)和不同气候条件下气温日较差($T_{max} - T_{min}$)的指数及平均气温的偏移量可能与标准 Harg 公式中的参数有所不同,采用以下一般形式的通用 Harg 公式来估算 ET_0:

Harg 修正公式 3:

$$ET_0(HG3) = K \frac{1}{\lambda} (T_{max} - T_{min})^n \left(\frac{T_{max} + T_{min}}{2} + T_{off} \right) R_a \tag{3-7}$$

式中的系数 K、指数 n 和气温偏移量 T_{off} 需要通过气温资料和 PM 公式计算结果来率定。

以 PM 公式日、旬、月和年(尺度)计算结果为标准,借助统计软件分析计算,得到黄淮海地区 6 个站点的 Harg 修正公式 1、Harg 修正公式 2 和 Harg 修正公式 3,具体拟合参数结果见表 3-9。

从表 3-9 可看出,不同时间尺度(日、旬、月和年)下,三种 Harg 修正公式与 PM 公式之间具有较好的相关关系。其中,以率定后的 Harg 修正公式 3 计算相关系数最高,其次是建立线性回归的 Harg 修正公式 2,最后为 Harg 修正公式 1,这表明 Harg 修正公式 3 的计算结果与 PM 公式计算结果比较接近,能较为准确地估算研究区的 ET_0。因此,采用率

定后的 Harg 修正公式 3 来计算黄淮海地区的 ET_0 是合适的,同时根据此修正公式,可以达到利用较少输入数据得到较高精度的 ET_0 结果。

在黄淮海地区,无论从日值、旬值、月值还是年值,在上述三种温度法中,均以 Harg 公式估算该地区 ET_0 的效果最好;考虑估算地区的实际情况,通过进一步对 Harg 公式进行修正,可使 Harg 公式更适合黄淮海地区 ET_0 的计算和预测。

表 3-9 黄淮海地区主要代表站 Harg 修正公式参数拟合结果

时间尺度	站点	Harg 修正公式 1		Harg 修正公式 2			Harg 修正公式 3			
		K_R	R^2	a	b	R^2	K	n	T_{off}	R^2
日序	北京	0.909	0.726	0.784	0.520	0.754	0.001	0.534	43.988	0.754
	石家庄	0.826	0.761	0.768	0.249	0.767	0.001	0.669	30.929	0.776
	安阳	0.857	0.817	0.829	0.122	0.818	0.001	0.628	23.723	0.822
	郑州	0.868	0.736	0.802	0.284	0.743	0.001	0.595	25.801	0.742
	驻马店	0.797	0.763	0.772	0.100	0.764	0.001	0.701	21.234	0.835
	信阳	0.652	0.819	0.590	0.242	0.831	0.003	-0.038	32.276	0.720
旬序	北京	0.909	0.872	0.744	0.558	0.911	0.007	0.705	46.617	0.929
	石家庄	0.819	0.887	0.736	0.351	0.903	0.006	0.829	37.111	0.927
	安阳	0.854	0.922	0.811	0.180	0.925	0.008	0.781	25.812	0.938
	郑州	0.866	0.878	0.782	0.353	0.891	0.008	0.796	29.506	0.907
	驻马店	0.788	0.888	0.729	0.240	0.895	0.007	0.832	24.200	0.913
	信阳	0.660	0.941	0.620	0.152	0.946	0.023	0.280	21.173	0.949
月序	北京	0.909	0.900	0.773	0.554	0.940	0.021	0.712	47.329	0.961
	石家庄	0.817	0.917	0.729	0.368	0.935	0.016	0.838	37.750	0.959
	安阳	0.852	0.942	0.804	0.199	0.946	0.024	0.805	25.827	0.960
	郑州	0.863	0.914	0.772	0.378	0.931	0.023	0.794	29.191	0.944
	驻马店	0.783	0.925	0.708	0.299	0.938	0.024	0.784	24.808	0.947
	信阳	0.662	0.966	0.628	0.126	0.970	0.073	0.250	21.116	0.971
年序	北京	0.962	0.626	1.088	-0.366	0.635	1.138	0.558	8.017	0.557
	石家庄	0.849	0.614	1.007	-0.698	0.643	0.403	0.681	25.233	0.590
	安阳	0.868	0.526	1.254	-1.203	0.582	1.033	0.667	1.884	0.499
	郑州	0.891	0.520	1.498	-1.925	0.622	0.275	0.888	22.134	0.471
	驻马店	0.804	0.584	1.192	-1.209	0.653	0.792	0.723	2.188	0.557
	信阳	0.669	-0.120	0.318	1.052	0.563	0.508	0.550	35.115	0.877

第二节 基于天气预报信息的 ET_0 预测模型

一、数据获取

FAO 推荐的 PM 公式是公认的计算参考作物需水量最为准确的方法,但是采用日常的天气预报资料无法获得该公式计算需要的全部气象参数,给 PM 公式的推广应用带来限制。为此,基于新乡市天气预报逐日信息,研究从天气预报信息中分析提炼 PM 公式所需参数,进而估算参考作物需水量。利用新乡市 1951~2003 年逐日气象资料,ET_0 值及需要估算的气象因子均以 PM 公式计算结果作为实际值,以替代方法计算结果为预测值,对利用替代方法估算得到的 PM 公式所需参数及 ET_0 计算结果进行检验,考查预测结果精度的统计参数有:均方根误差(RMSE)、相对误差(RE)和认同系数(IA)。

二、结果与分析

(一)相对湿度的预测

在 PM 公式中,相对湿度用来计算实际水汽压,FAO56 中提出当相对湿度缺失时,可用式(3-8)来替代计算实际水汽压。式(3-8)的基本假设是日最低气温(T_{min})近似等于露点温度,即当夜间气温降至最低时,空气湿度接近饱和,这对于地面有草覆盖的气象站,大多数时期内是能够满足的。

$$e_a = e^0(T_{min}) = 0.611 \exp\left(\frac{17.27T_{min}}{T_{min} + 273.3}\right) \tag{3-8}$$

式中 e_a——实际水汽压,kPa;

T_{min}——最低气温,℃。

根据新乡市历史最小气温的数据,通过式(3-8)计算得到实际水汽压预测值,与 PM 公式计算所得实际值对比及其相关分析如图 3-5 所示。从图 3-5 中可以看出,两者较为一致,两者的相关关系为 $y = 0.964\ 3x$。从统计分析数据来看,RE = 0.07<0.2,R^2 = 0.987 2>0.8,IA = 0.995 7>0.95,因此可以判断利用式(3-8)预测的实际水汽压效果很好,能满足要求。

(二)太阳辐射的预测

一年中每天的天文辐射 R_a 可以由地理位置参数、太阳常数、太阳倾角等计算出来:

$$R_a = \frac{24 \times 60}{\pi} G_{sc} d_r (\omega_s \sin\varphi \sin\delta + \cos\varphi \cos\delta \sin\omega_s) \tag{3-9}$$

式中 R_a——天文辐射,MJ/(m^2·d);

G_{sc}——太阳常数,值为 0.082 MJ/(m^2·d);

d_r——日地相对距离;

δ——太阳倾角,与每天在一年中的日序数 J 有关,可以由月数 M 和天数 d 来确定,如果月份小于 3,$J=J+2$,如果是闰年且月份大于 2,则 $J=J+1$;

φ——当地纬度,采用弧度单位;

ω_s——日落时角。

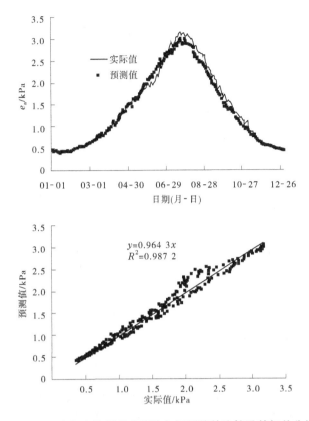

图 3-5 实际水汽压的实际值与预测值的比较及其相关分析

其中 d_r、δ、J、φ、ω_s 等参数计算公式如下:

$$\left.\begin{array}{c} d_r = 1 + 0.033\cos\left(\dfrac{2\pi}{365}J\right) \\[2mm] \delta = 0.409\sin\left(\dfrac{2\pi}{365}J - 1.39\right) \\[2mm] J = \text{int}(275M/9 - 30 + d) - 2 \\[2mm] \varphi = \dfrac{\pi}{180}(\text{纬度}) \\[2mm] \omega_s = \cos^{-1}(-\tan\varphi\tan\delta) \end{array}\right\} \tag{3-10}$$

一些学者认为,日最高气温和最低气温之差与当天的天空云量有关,而天空云量是影响太阳辐射的主要因素。因此,辐射量也可以通过最高气温、最低气温估算,Hargreaves 首先提出最高气温和最低气温之差与太阳辐射的关系,Allen 等修正了 Hargreaves 方程,得到计算太阳短波辐射的公式:

$$R_s = K_r(T_{\max} - T_{\min})^{0.5}R_a \tag{3-11}$$

式中 R_s——补差太阳辐射,$MJ/(m^2 \cdot d)$;

R_a——天文辐射,$MJ/(m^2 \cdot d)$;

T_{max}、T_{min}——最高气温、最低气温,℃;

K_r——调节系数,内陆地区通常取 0.17,而沿海地区取 0.19。

获得当地的 R_s 测值后,按照式(3-12)获得短波辐射值 R_{ns}。

$$R_{ns} = (1 - \alpha)R_s \tag{3-12}$$

式中 α——反照率,取 0.23。

通过未来最高气温、最低温度的预测,结合上述已完成的对实际水汽压的预测值,可以通过式(3-13)得到长波辐射的预测值 R_{nl}:

$$R_{nl} = \sigma\left(\frac{T_{max,K}^4 + T_{min,K}^4}{2}\right) \times (0.34 - 0.14\sqrt{e_a}) \times \left(1.35\frac{R_s}{R_{so}} - 0.35\right) \tag{3-13}$$

式中 R_{so}——晴空辐射,MJ/(m² · d);

e_a——实际水汽压,kPa;

σ——Stefan-Boltzmann 常数,其值为 4.903×10^{-9} MJ · K⁻⁴/(m² · d);

$T_{max,K}$、$T_{min,K}$——绝对温度,分别用天气预报中的预报数值计算。

其中,R_{so} 按下式计算:

$$R_{so} = (0.75 + 210^{-5}z)R_a \tag{3-14}$$

式中 z——站点的海拔高度,m。

在得到短波辐射和长波辐射的预报值后,可以通过式(3-15)得到净辐射:

$$R_n = R_{ns} - R_{nl} \tag{3-15}$$

图 3-6 为太阳辐射实际值与预测值之间的对比情况及其相关分析,从图 3-6(b)中可以看到,实际值与预测值的线性关系为 $y = 1.0685x$,预测值与实际值很接近,但略大于实际值。由统计参数可以进一步看出,RE = 0.0878<0.2,IA = 0.9791>0.95,R^2 = 0.9683>0.8,可见通过替代方法预测的效果很好,满足要求。

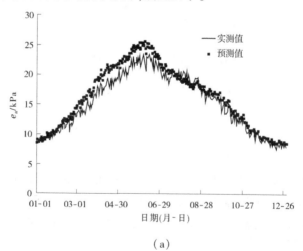

(a)

图 3-6 太阳辐射实际值与预测值对比及相关分析

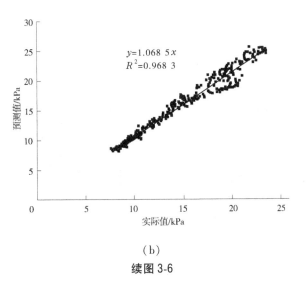

(b)

续图 3-6

三、风速的预测

按风力等级表将风力分为 12 级,根据天气预报的风力预报信息,可以将风速值确定,其中不同高程处所测风速换算为 2 m 处数值,可按式(3-16)进行,换算后风速值如表 3-10 所示。

$$u_2 = u_z \frac{4.87}{\ln(67.8z - 5.47)} \tag{3-16}$$

式中　u_2——地面 2 m 处风速,m/s;

　　　　u_z——距离地面 z m 处风速,m/s;

　　　　z——风速测量高度,m。

表 3-10　风力等级换算值　　　　　　　　　　单位:m/s

风力等级	名称	相当于 2 m 处的风速	风力等级	名称	相当于 2 m 处的风速
0	静风	0	7	疾风	11.97
1	软风	0.75	8	大风	14.21
2	轻风	1.50	9	烈风	17.20
3	微风	3.00	10	狂风	19.45
4	和风	5.24	11	暴风	23.19
5	清劲风	6.73	12	飓风	26.18
6	强风	8.98			

图 3-7 为用实测数据计算的风速实际值与预测值之间的对比情况及其相关分析,从

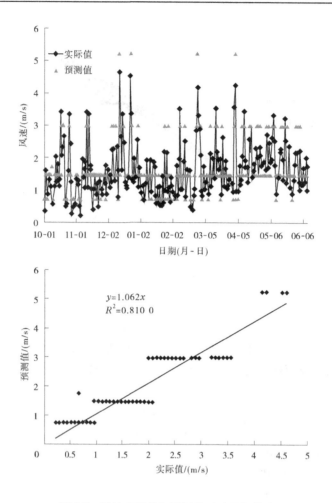

图 3-7　风速实际值与预测值对比及相关分析

图 3-7 中可以看出,实际值与预测值的线性关系为 $y = 1.062x$,预测值与实际值很接近,但略大于实际值。从统计参数进一步看出,$RE = 0.191\,4 < 0.2$,$IA = 0.951\,6 > 0.95$,$R^2 = 0.81 >$ 0.8,可见通过替代方法预测的效果很好,满足要求。

四、ET_0 预测结果分析

完成以上各因子的预测后,通过解析天气预报信息,利用最低气温计算实际水汽压,利用最高气温、最低气温计算太阳辐射,将风力等级转化为 2 m 高处的风速值,进而由 PM 公式估算 ET_0 值,图 3-8 为 ET_0 实际值与预测值的比较及其相关分析。结果表明,预测值与实际值相比,均能达到很好的效果,其统计参数分别为 RMSE = 0.586 0,RE = 0.198,IA = 0.963,各项参数均能达到很好的模拟效果,各项气象参数及 ET_0 模拟均可以满足精度要求。

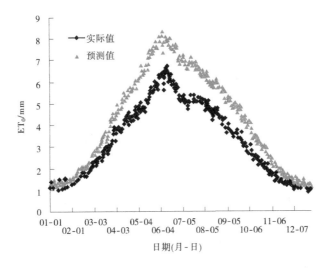

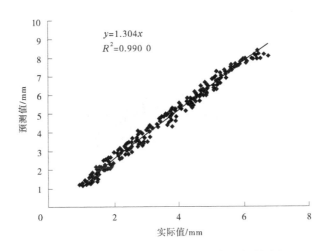

图 3-8 ET_0 实际值与预测值的比较及相关分析

第三节   不同时间尺度下多年平均 ET_0
与实际 ET_0 的比较及相关性

一、材料与方法

在没有天气预报资料的前提下,为探讨利用历史多年平均气象资料估算、预测 ET_0 的精度,本书利用新乡市 61 年(1951~2011 年)历史连续多年逐日气象资料(包括最高气温、最低气温、相对湿度、日照时数、风速),借助 FAO56 PM 公式计算日 ET_0 值,分 6 种时间尺度(1 d、5 d、10 d、15 d、20 d 和 30 d),分别与对应的 2012 年和 2013 年气象数据计算得到的实际 ET_0 值相比较,对比分析其估算精度。

二、结果与分析

图 3-9 为利用新乡市多年历史气象资料,采用 1 d、5 d、10 d、15 d、20 d 和 30 d 时间为步长,估算多年平均 ET_0 值与 2012 年、2013 年 ET_0 值的对比及相关分析。由图 3-9 中可以看出,由 6 种时间步长的历史资料估算的 ET_0 值,均与 2012 年、2013 年 ET_0 值变化趋势基本一致;2012 年,随着时间步长的增长,其平均相对误差分别为 38.6%、20.4%、15.6%、12.3%、12.2% 和 9.0%,其相关系数(r)分别为 0.789、0.905、0.944、0.979、0.972 和 0.991;2013 年,随着时间步长的增长,其平均相对误差分别为 45.5%、26.8%、21.9%、20.5%、19.0% 和 17.3%,其相关系数(r)分别为 0.686、0.806、0.871、0.896、0.908 和 0.906。这表明,时间步长越长,历史多年平均 ET_0 值与 2012 年、2013 年实际 ET_0 值差异越小,其大小更加接近实际的 ET_0 值;另外,相比 2013 年、2012 年的数值更加接近多年平均值。当然,以上仅为新乡市单点 2012 年和 2013 年的数据验证,下一步还需要多点连续多年进行对比分析,以验证结果的可靠性。

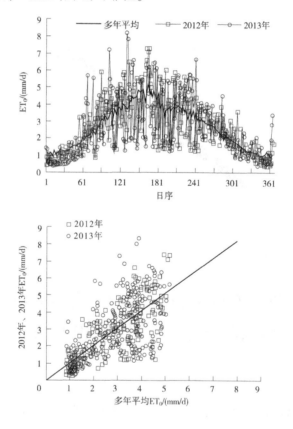

图 3-9　1 d、5 d、10 d、15 d、20 d 和 30 d 多年平均 ET_0 值
与对应时间尺度 2012 年、2013 年 ET_0 值比较及相关分析

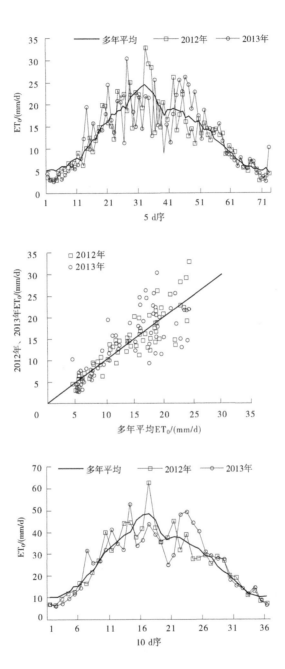

续图 3-9

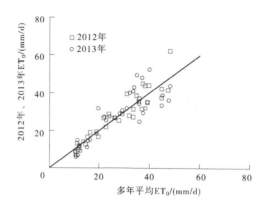

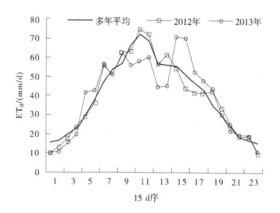

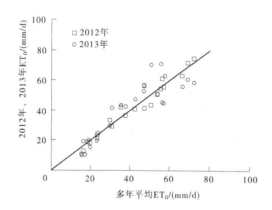

续图 3-9

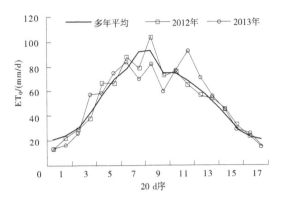

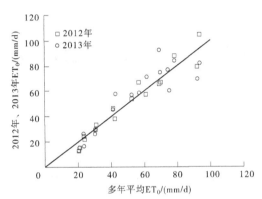

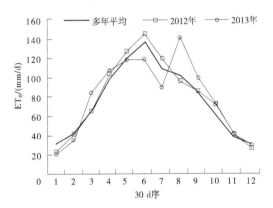

续图 3-9

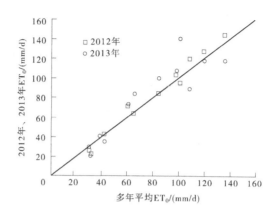

续图 3-9

第四节　冬小麦和夏玉米逐日耗水量预测模型的构建

根据麦田试验数据,建立基于有效积温的冬小麦整个生育期内的作物系数模拟模型,并确定土壤水分修正系数 K_w,构建黄淮海地区主要冬小麦逐日耗水量预测模型,为土壤墒情预测和灌溉预报提供了重要参数。

作物耗水量的计算采用目前最常用的作物系数法,即通过某时段(i)的参考作物需水量(ET_{0i})和作物系数 K_{ci} 确定某种具体作物的耗水量 ET_{ci},其具体表达式如下:

$$ET_{ci} = K_{ci}ET_{0i} \tag{3-17}$$

在水分亏缺条件下,作物耗水量的计算还要引入土壤水分修正因子,即

$$ET_{ci} = K_{wi}K_{ci}ET_{0i} \tag{3-18}$$

式中,当 $K_{wi} = 1.0$ 时,ET_{ci} 即为水分充足条件下作物耗水量。

一、基于天气预测因子的 ET_0 预测

根据本章第一节和第二节建立的基于天气预报的信息 ET_0 预测 Harg 模型和 PM 模型,可预测 ET_0。

二、冬小麦作物系数模拟模型的建立与验证

对于同一种作物某一品种而言,作物系数(K_{ci})主要受作物生长发育过程的控制,与冠层的发育有密切的关系。叶面积指数(LAI)与作物系数相关数据拟合分析表明,两者呈明显的线性关系(见图 3-10),拟合方程如下:

$$K_{ci} = aLAI + b \tag{3-19}$$

根据冬小麦田间试验数据回归分析,a、b 参数分别为 0.14、0.391 8,决定系数 R^2 为 0.927 7。

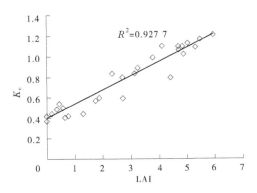

图 3-10　冬小麦作物系数 K_c 与叶面积指数 LAI 的关系

除遗传特性外,生育期内的温度是影响作物生长发育的最重要因子。作物的积温需求具有较好的稳定性,积温与冬小麦 LAI 具有较好的相关性,试验分析表明,Logistic 曲线能对两者的变化趋势做出很好的模拟(见图 3-11),扩充后的五次 Logistic 曲线较扩充前的二次 Logistic 曲线拟合的精度更高,扩充后的五次 Logistic 模型对整个生育期内的变化趋势决定系数为 0.977 0,估计误差 SSE 为 0.083 15,可见模型具有较高的精度。

$$\mathrm{LAI} = \frac{b\mathrm{LAI}_{\max}}{1 + \exp(\sum_{j=0}^{n} a_j \mathrm{RGDD}_j)} \tag{3-20}$$

式中　$\mathrm{LAI}_{\max}$——冬小麦生育期最大叶面积指数;

　　　RGDD_j——相对积温值(与整个生育期积温的比值);

　　　a_j 和 b——待定系数($j=0,\cdots,5$),其拟合参数 a_0、a_1、a_2、a_3、a_4、a_5、b 分别为 24.84、
　　　　　　-161.4、374、-392.6、169.2、-11.46 和 1.169。

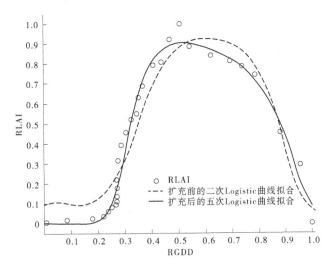

图 3-11　冬小麦相对积温 RGDD 与相对叶面积指数 RLAI 的关系

将以上两个模型进行整合,形成了基于有效积温的冬小麦作物系数预测模型。值得

说明的是,在对作物系数进行预测时,模型在描述有效积温不变的这段时间内的作物系数时,均按照此前的最大值处理,这显然是不合理的,需要对模型进行一些修正。根据一些实测资料,冰冻期间作物系数可按照 0.4 处理;而在冰冻期到来之前和冰冻期刚结束后这段时间,作物系数可通过差分得到;而且在上述时段内,作物系数一直处在较小的值内,不会引起较大的绝对误差。

　　利用上述建立的模型,借助新乡七里营基地和沁阳广利试验基地 2012 ~ 2013 年冬小麦生长季实测资料,对模型进行了验证分析(见图 3-12),结果表明:新乡模拟值与实测值相对误差范围在 1.6% ~ 11.2%,平均相对误差 5.2%;沁阳模拟值与实测值相对误差范围在 0.7% ~ 14.7%,平均相对误差 6.2%。这表明模型具有较好的模拟效果。

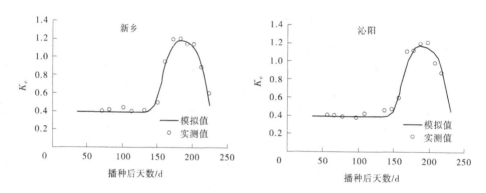

图 3-12　冬小麦作物系数 K_c 模拟值与实测值的比较

三、夏玉米作物系数预测模型的建立与验证

作物生育期随品种、播期、地域不同而变化,故统一模型必须首先统一时间尺度。本书用有效积温表示生育期长度,分别对叶面积指数和生长期做归一化处理。

(一)叶面积指数归一化处理

叶面积指数归一化处理公式:

$$\text{RLAI}_j = \frac{\text{LAI}_j}{\text{LAI}_{\max}} \tag{3-21}$$

式中　RLAI_j——某日归一化后叶面积指数,称为相对叶面积指数,其最大取值为 1;

　　　　$\text{LAI}_{\max}$——整个生育期最大叶面积指数(玉米种子先玉 335 多年平均值为 4.30)。

(二)积温归一化处理

本书以 10 ℃为夏玉米的生物学零度,并考虑无效高温将视为对作物生长发育的无效温度(在高温下,作物发育速度不仅不随温度的增高而加快,反而受抑制)。因考虑无效高温的平均气温法生物学意义较为明确,且误差最小,因此本书计算有效积温采用方法如下:

$$T_j = \begin{cases} T_d - T_0 & T_d > T_0 \text{ 且 } T_d < T_h \\ 0 & T_d \leqslant T_0 \\ T_h - T_0 & T_d \geqslant T_h \end{cases} \tag{3-22}$$

式中　T_d——日平均气温；

　　　　T_h、T_0——作物发育的上、下限温度。

本书采用夏玉米 T_0 和 T_h 分别取 10 ℃和 30 ℃，T_j 即日有效积温。

试验表明，玉米吐丝期叶面积指数达最大值，故以吐丝日为界将整个生育期分为 2 个阶段，出苗－吐丝前 1 d 为第 1 阶段，即营养生长阶段，积温用 AT_1 表示(试验区多年平均值 1 223.6 ℃)，吐丝日－成熟期为第 2 阶段，即生殖生长阶段，积温用 AT_2 表示(试验区多年平均值 1 224.3 ℃)：

$$AT_1 = \sum_{j=1}^{n-1} T_j \tag{3-23}$$

$$AT_2 = \sum_{j=n}^{m} T_j \tag{3-24}$$

积温归一化处理：

$$DS_j = \begin{cases} \dfrac{\sum\limits_{j=1}^{n-1} T_j}{AT_1} \\[4mm] 1 + \dfrac{\sum\limits_{j=n}^{m} T_j}{AT_2} \end{cases} \tag{3-25}$$

式中　n、m——玉米出苗－吐丝日、吐丝日－成熟期天数；

　　　　T_j——日有效积温；

　　　　DS_j——积温归一化后数值，DS_j 营养生长阶段取 0~1，生殖生长阶段取 1~2。

(三)夏玉米叶面积指数增长普适模型

Logistic 模型是研究有限空间内生物种群增长规律的重要数学模型，它描述了种群相对增长率与种群密度呈线性关系。本书采用修正的 Logistic 模型模拟玉米叶面积指数动态变化过程。以积温为因变量，计算模型如下：

$$RLAI_j = \frac{1}{1 + e^{(10.503\,8 - 23.506\,6DS_j + 9.305\,3DS_j^2)}} \tag{3-26}$$

式中　$RLAI_j$——相对叶面积指数值，即阶段叶面积指数与最大叶面积指数的比值；

　　　　DS_j——自变量。

由于夏玉米整个生育期所需的有效积温相对稳定，因而可用有效积温对夏玉米的生育期进行判断，因此通过所建立的模拟模型，不仅能利用已知的有效温度对 LAI 做出判断，而且可以通过未来气温的预报值，实现对 LAI 的预报工作。

(四)叶面积指数与作物系数的关系

2011~2013 年试验表明，夏玉米作物系数与叶面积指数之间呈现出较为明显的线性关系，回归分析结果表明，决定系数 R^2 为 0.828 3，回归关系式为

$$K_c = 0.149LAI + 0.670\,2 \tag{3-27}$$

(五)作物系数模拟模型的建立

将 LAI 的模拟模型以及 LAI 与作物系数的关系整合在一起，形成作物系数的预报模

型,模型可表述为

$$K_c = 0.149 \times \frac{\text{LAI}_{\max}}{1 + \exp(10.503\,8 - 23.506\,6\text{DS}_j + 9.305\,3\text{DS}_j^2)} + 0.670\,2$$

$$(3-28)$$

式中　$\text{LAI}_{\max}$——最大叶面积指数;

其他符号意义同前。

四、土壤水分修正因子的确定

(一)FAO 法

对于土壤水分修正因子的确定,本书选用 FAO 推荐使用的公式:

$$K_w = \begin{cases} \dfrac{\text{TAW} - D_r}{\text{TAW} - \text{RAW}} & D_r > \text{RAW} \\ 1.0 & D_r \leqslant \text{RAW} \end{cases} \quad (3-29)$$

其中

$$\text{TAW} = 10\gamma Z_r(\theta_{fc} - \theta_{wp});$$
$$D_r = 10\gamma Z_r(\theta_{fc} - \theta);$$
$$\text{RAW} = p\text{TAW}$$

式中　TAW——作物主要根系层总的土壤有效储水量,mm;

RAW——易于被作物根系利用的根区土壤储水量,mm;

D_r——计算时段作物根区土壤水分的平均亏缺量,mm,当计算时段选取较短时,可用时段初的土壤水分亏缺量来代替;

γ——土壤密度,kg/m³;

Z_r——作物根系主要活动层深度,cm;

θ_{fc}——根系层土壤平均田间持水量(占干土重的百分比,%),试验区为中壤土,取 24.00%;

θ_{wp}——凋萎点土壤含水量(占干土重的百分比,%),本书取 8.64%;

θ——时段初作物根系层的平均土壤含水量(占干土重的百分比,%);

p——根区中易于为作物根系吸收的土壤储水量与总的有效土壤储水量的比值,一般为 0~1.0。

对于不同的作物,p 值也不同。对于同一种作物而言,p 是大气蒸发力的函数。在 FAO56《Crop Evapotranspiration-Guidelines for Computing Crop Water Requirements》中指出,当 $\text{ET}_{ci} \approx 5$ mm/d 时,冬小麦的 $p = 0.55$;当 $\text{ET}_{ci} \neq 5$ mm/d 时,可用下式进行修正:

$$p = 0.55 + 0.04(5 - \text{ET}_{ci}) \quad (3-30)$$

(二)临界值法

当实际土壤含水量小于临界含水量时,蒸发蒸腾量明显受土壤水分的影响;否则,蒸发蒸腾受土壤水分的影响不显著。土壤水分修正系数如下:

$$K_{ci} = c\left(\frac{\theta_i - \theta_{up}}{\theta_j - \theta_{up}}\right)^d (\theta_i < \theta_j) \quad (3-31)$$

式中　c、d——由实测资料确定的经验值,随生育阶段和土壤条件而变化;

$\quad\quad\theta_i$——计算时段内的平均土壤含水量;

$\quad\quad\theta_{up}$——凋萎含水量;

$\quad\quad\theta_j$——临界含水量。

本书把冬小麦生育期划分为出苗-越冬、越冬-返青、返青-抽穗、抽穗-成熟四个阶段,根据沁阳广利试验基地实测资料计算得到各阶段的 θ_j 分别为 23.07%、22.52%、20.20% 和 22.68%;各阶段的 d 值分别为 0.815 6、0.956 3、0.758 4 和 0.875 3。

综上所述,将以上土壤水分修正因子部分相结合即可得到冬小麦和夏玉米实际耗水量估算模型。

第四章　　降水的随机模拟

　　降水是农田土壤水分的主要来源之一,降水的数量和分配过程直接影响农田土壤墒情预测及灌溉预报精度,预测降水量的时间分布规律显得尤为重要。在模拟产生逐日降水数据方面,近些年来较通用的一种方法是联合应用马尔科夫链(Markov chain)和伽马分布函数(gamma distribution function)建立随机模拟模型,即用马尔科夫链描述降水日的发生,再用伽马分布函数模拟/预测产生降水日的降水量。国外研究结果表明,这种方法在不同国家的很大环境范围内是有效的,但关于该方法及其经验模型在我国是否适用的研究并不多见。本书应用黄淮海地区 6 个站点的逐日降水数据验证这种方法的有效性,以期为土壤水分预测、灌溉预报和制定合理的灌溉制度等方面提供参考依据。

第一节　　逐日降水的随机模拟方法

一、马尔科夫链的两个状态转移概率

　　大量研究表明,采用一阶马尔科夫链模型即可很好地描述逐日降水过程。该模型的两个状态为降水日(wet day)和非降水日(dry day),状态的转换可以用两个转移概率描述,即由降水日到降水日的转移概率 $P(W/W)$ 和由非降水日到降水日的转移概率 $P(W/D)$。以往分析结果表明,某一地区各月份的 $P(W/D)$、$P(W/W)$ 均与同月降水日出现的频率间存在良好的线性关系,尤其 $P(W/D)$ 与 f 之间相关性更强,可用公式表示如下:

$$P(W/D) = a + bf \tag{4-1}$$
$$P(W/W) = (1 - b) + P(W/D) \tag{4-2}$$

式中　f——某月降水日出现频率的多年平均值,可根据实测降水数据推求;
　　　a、b——回归系数。

二、伽马分布及其参数

　　如果连续型随机变量 x 的密度函数如式(4-3)所示,则称 x 服从伽马分布,简记为 $\Gamma(\alpha,\beta)$,即

$$f(x) = \frac{\beta^{\alpha}}{\Gamma(\alpha)} x^{\alpha-1} e^{-\beta x} \quad x > 0 \tag{4-3}$$

式中　α——伽马分布的形状参数,$\alpha>0$;
　　　β——伽马分布的尺度参数,$\beta>0$。

　　设 x 为表示日降水量的随机变量,当 x 服从伽马分布时,根据伽马分布函数的统计特性可知:

$$E(x) = \alpha\beta \tag{4-4}$$

$$D(x) = \alpha\beta^2 \tag{4-5}$$

式中　$E(x)$——随机变量 x 的数学期望;

　　　$D(x)$——随机变量 x 的方差。

　　由式(4-4)、式(4-5)可见,可根据实测降水数据推求 α 和 β。以往分析表明,在不同地区和不同的月份间,参数 β 与多年平均各月降水日的降水量之间也存在很强的线性关系,即

$$\beta = c + dp \tag{4-6}$$
$$\alpha = p/\beta \tag{4-7}$$

式中　p——某月降水日降水量的多年平均值,可根据实测降水数据推求;

　　　c、d——回归系数。

三、逐日降水序列的产生

　　当转移概率 $P(\mathrm{W/D})$、$P(\mathrm{W/W})$ 和伽马分布参数 α、β 确定以后,利用计算机产生 $[0,1]$ 区间上均匀分布的随机数,并将这个随机数与 $P(\mathrm{W/D})$ 和 $P(\mathrm{W/W})$ 相比较,确定该日降水与否。对降水日降水量的模拟就是求出指定 P 所对应的随机变量 x 的取值 x_{p},即求出的 x_{p} 应满足 $F(x > x_{\mathrm{p}}) = P$,亦即

$$P = F(x > x_{\mathrm{p}}) = \int_{x_{\mathrm{p}}}^{\infty} f(x)\,\mathrm{d}x = \frac{\beta^{\alpha}}{\Gamma(\alpha)}\int_{x_{\mathrm{p}}}^{\infty} x^{\alpha-1}\mathrm{e}^{-\beta x}\,\mathrm{d}x \tag{4-8}$$

　　当为降水日时,利用式(4-8)通过数值积分即可求得降水日的降水量。

第二节　黄淮海地区降水随机模型的构建及应用

　　利用 f 和 P 估计转移概率和伽马分布参数,不仅简化了逐日降水模拟模型,而且扩大了该模型的适用范围,但在我国不同地区,$P(\mathrm{W/D})$ 和 $P(\mathrm{W/W})$ 与 f 之间是否存在线性关系,以及这种模拟逐日降水的随机模型是否适用均需要验证。为此,本书应用黄淮海地区北京、石家庄、安阳、郑州、驻马店和信阳六个代表站点 1961~2002 年的逐日降水数据,检验该方法在我国黄淮海地区应用的有效性。应用 DPS12.01 软件的伽马分布函数实现上述计算过程,即将 α、β 两个参数提供给伽马分布函数,令该函数产生服从伽马分布的随机数列。

一、转移概率的回归模型

　　应用黄淮海地区北京、石家庄、安阳、郑州、驻马店和信阳六个代表站点 42 年的降水资料,统计出各地区各月的 $P(\mathrm{W/D})$、$P(\mathrm{W/W})$ 及 f,见图 4-1。由图 4-1 可见,$P(\mathrm{W/D})$、$P(\mathrm{W/W})$ 与 f 的月份变化趋势基本一致。统计分析结果表明,黄淮海地区 6 个站点的 $P(\mathrm{W/D})$、$P(\mathrm{W/W})$ 与 f 之间均存在很强的相关性,且 $P(\mathrm{W/W})$ 与 f 之间的相关性更强,这与前人的研究结论相同。$P(\mathrm{W/D})$、$P(\mathrm{W/W})$ 与 f 的相关性分析及回归方程见表 4-1。

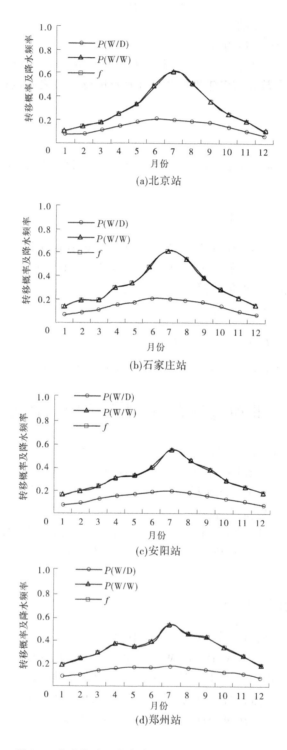

(a)北京站

(b)石家庄站

(c)安阳站

(d)郑州站

图 4-1　黄淮海地区降水的转移概率和降水日发生频率

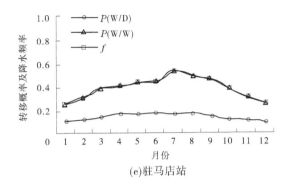

(e)驻马店站

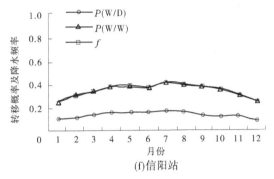

(f)信阳站

续图4-1

表4-1　黄淮海地区代表站点 $P(W/D)$ 、$P(W/W)$ 与 f 的相关性分析

站点	$P(W/D)$ 与 f 的相关性分析		$P(W/W)$ 与 f 的相关性分析	
	拟合的回归方程	R^2	拟合的回归方程	R^2
北京	$P(W/D) = 0.282f + 0.053$	0.861	$P(W/W) = 1.008f + 0.001$	0.998
石家庄	$P(W/D) = 0.303f + 0.041$	0.866	$P(W/W) = 1.001f + 0.004$	0.998
安阳	$P(W/D) = 0.308f + 0.039$	0.827	$P(W/W) = 1.000f + 0.004$	0.998
郑州	$P(W/D) = 0.299f + 0.037$	0.840	$P(W/W) = 1.001f + 0.005$	0.997
驻马店	$P(W/D) = 0.275f + 0.033$	0.713	$P(W/W) = 1.004f + 0.004$	0.994
信阳	$P(W/D) = 0.416f$	0.828	$P(W/W) = 1.009f + 0.002$	0.989

　　由表4-1可知,黄淮海地区6个站点的 $P(W/D)$ 、$P(W/W)$ 与 f 之间均存在很强的相关性,且 $P(W/W)$ 与 f 之间的相关性更强,线性回归模型的决定系数 R^2 分别为 0.989 ~ 0.998。

　　在以上分析基础上,利用6个站点的 $P(W/D)$ 、$P(W/W)$ 与 f 数据拟合的线性回归模型见图4-2,采用图4-2所示的两式可以解释总变异的80.5%和99.7%。

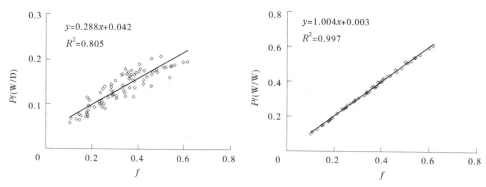

图4-2 黄淮海地区6个站点的 $P(W/D)$、$P(W/W)$ 与 f 的关系

二、伽马分布参数的回归模型

应用黄淮海地区北京、石家庄、安阳、郑州、驻马店和信阳6个代表站点42年的降水资料,求得各站点12个月的 α、β 及 P 值,列于图4-3之中。由图4-3可见,α 与 P 间的月份变化趋势差别很大,而 β 与 P 各月的变化趋势基本一致。分析结果表明,黄淮海地区各站点的 α 与 P 之间的线性关系很差,但 β 与 P 之间具有很强的线性关系,这也与前人研究结论相同。黄淮海地区代表站点 α、β 与 P 的相关性分析见表4-2。

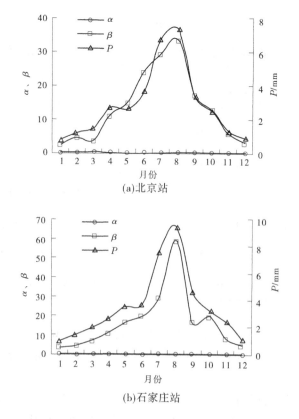

图4-3 黄淮海地区降水的伽马分布参数和降水日降水量

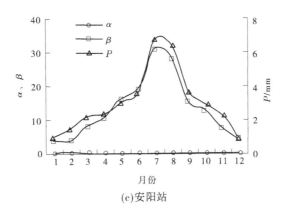

(c)安阳站

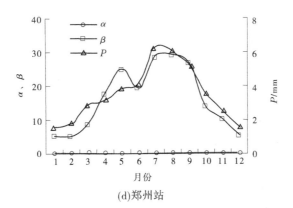

(d)郑州站

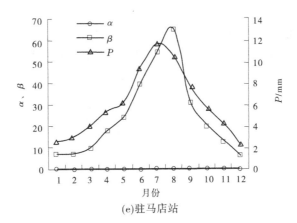

(e)驻马店站

续图 4-3

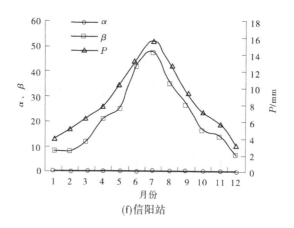

(f)信阳站

续图 4-3

表 4-2　黄淮海地区代表站点 α、β 与 P 的相关性分析

站点	β 与 P 的相关性分析		α 与 P 的相关性分析	
	拟合的回归方程	R^2	拟合的回归方程	R^2
北京	$\beta = 4.734P - 0.095$	0.937	$\alpha = -0.013P + 0.279$	0.174
石家庄	$\beta = 5.669P - 3.488$	0.907	$\alpha = -0.009P + 0.277$	0.241
安阳	$\beta = 4.711P - 0.891$	0.963	$\alpha = -0.009P + 0.270$	0.122
郑州	$\beta = 5.499P - 3.024$	0.900	$\alpha = -0.023P + 0.323$	0.391
驻马店	$\beta = 5.967P - 11.49$	0.929	$\alpha = -0.021P + 0.425$	0.821
信阳	$\beta = 3.417P - 6.567$	0.973	$\alpha = -0.009P + 0.468$	0.143

在以上分析基础上,利用6个站点的 α、β 与 P 数据拟合的线性回归模型见图4-4,相关性分析表明,黄淮海地区各站点的 α 与 P 之间不存在相关关系,但 β 与 P 之间具有较好的线性相关关系,采用拟合关系式可以解释总变异的76.8%。

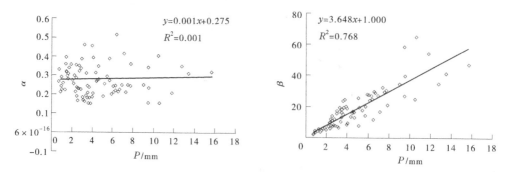

图 4-4　黄淮海地区 6 个站点的 α、β 与 P 的关系

综上所述,应用黄淮海地区实测降水数据求得的回归模型参数与以往国外建议的经验公式存在一定差别,因此即使在国外能适应很大环境变化范围的模型,却不一定适合我国的

部分地区,这需要进一步对模型参数进行率定,以满足我国黄淮海地区的降水模拟需要。

三、黄淮海地区逐日降水过程的随机模拟

针对马尔科夫两状态转移概率和伽马分布参数的不同来源,编程并调用伽马分布函数,对 6 个站点分别模拟了 100 年的逐日降水过程,即:①统计分析实测降水数据直接确定 $P(W/D)$、$P(W/W)$、α、β;②利用上述建立的回归模型通过 f 和 P 间接推求 $P(W/D)$、$P(W/W)$、α、β。限于篇幅,在此仅给出了 42 年实测数据和 100 年模拟数据的 1~12 月平均值(见表 4-3、表 4-4)。

表 4-3　黄淮海地区 6 个代表站点各月份降水天数模拟值与实测值的比较

站点	项目	1	2	3	4	5	6	7	8	9	10	11	12
北京	实测值/d	3.33	4.07	5.57	7.67	10.62	15.02	17.14	15.81	10.79	7.69	5.52	3.14
	模拟值①/d	3.25	4.26	5.53	7.24	10.52	15.93	16.68	15.48	10.84	7.35	5.95	3.01
	模拟值②/d	3.68	3.84	5.20	7.90	9.92	15.63	16.95	15.71	10.76	7.06	5.21	3.17
	相对误差①/%	2.50	4.63	0.74	5.57	0.93	6.03	2.70	2.08	0.50	4.43	7.72	4.23
	相对误差②/%	10.40	5.68	6.67	3.04	6.58	4.03	1.12	0.63	0.24	8.20	5.68	0.86
石家庄	实测值/d	4.02	5.12	5.86	8.52	10.17	13.81	17.50	15.21	11.02	8.76	6.29	4.55
	模拟值①/d	4.10	5.69	5.61	8.22	10.31	13.68	17.19	15.10	11.03	8.95	5.91	4.46
	模拟值②/d	4.36	5.84	5.12	8.71	10.61	13.39	17.59	15.26	11.50	8.88	5.94	4.94
	相对误差①/%	1.89	11.15	4.22	3.56	1.41	0.94	1.77	0.75	0.06	2.15	5.98	1.93
	相对误差②/%	8.36	14.08	12.59	2.18	4.36	3.04	0.51	0.30	4.32	1.35	5.50	8.63
安阳	实测值/d	4.79	5.43	7.29	9.10	10.45	12.14	16.40	14.43	11.52	9.00	6.98	5.64
	模拟值①/d	4.21	5.62	7.48	9.40	10.02	12.32	15.77	14.40	11.89	9.18	6.20	5.47
	模拟值②/d	4.54	5.99	7.38	9.12	10.71	12.76	16.37	14.52	11.00	9.27	6.38	5.97
	相对误差①/%	12.03	3.53	2.67	3.35	4.14	1.46	3.87	0.20	3.18	2.00	11.13	3.06
	相对误差②/%	5.13	10.34	1.29	0.27	2.46	5.08	0.21	0.63	4.55	3.00	8.55	5.80

续表 4-3

站点	项目	1	2	3	4	5	6	7	8	9	10	11	12
郑州	实测值/d	5.64	6.50	8.86	10.81	10.83	11.55	16.90	14.33	12.71	10.60	8.17	5.67
	模拟值①/d	5.35	6.09	8.90	10.68	10.19	11.18	16.08	14.24	12.97	10.77	8.32	5.53
	模拟值②/d	5.57	5.97	8.85	10.23	10.59	11.76	16.22	14.58	12.29	10.38	8.39	5.93
	相对误差①/%	5.19	6.31	0.48	1.20	5.94	3.18	4.88	0.65	2.01	1.65	1.88	2.41
	相对误差②/%	1.29	8.15	0.08	5.36	2.25	1.84	4.05	1.72	3.34	2.03	2.73	4.65
驻马店	实测值/d	7.79	8.60	12.00	11.74	13.57	12.76	16.74	15.07	13.74	11.76	9.12	7.88
	模拟值①/d	7.21	8.27	12.09	11.93	13.87	12.27	16.26	15.51	13.25	11.82	9.84	7.71
	模拟值②/d	7.40	8.11	12.45	11.49	13.70	12.68	16.77	15.41	13.69	11.23	9.75	7.08
	相对误差①/%	7.39	3.78	0.75	1.63	2.20	3.85	2.86	2.91	3.55	0.49	7.91	2.17
	相对误差②/%	4.95	5.65	3.75	2.11	0.95	0.64	0.19	2.25	0.35	4.52	6.92	10.16
信阳	实测值/d	7.43	8.26	10.36	10.93	11.69	10.76	12.50	11.95	10.95	10.69	8.60	7.48
	模拟值①/d	7.47	8.38	10.39	10.52	10.99	10.86	12.27	11.32	10.21	10.84	8.72	7.30
	模拟值②/d	7.23	8.64	10.52	10.25	11.06	10.78	12.29	11.05	10.51	11.38	8.71	7.02
	相对误差①/%	0.56	1.43	0.32	3.74	5.99	0.91	1.84	5.29	6.78	1.40	1.45	2.36
	相对误差②/%	2.67	4.58	1.57	6.21	5.39	0.17	1.68	7.55	4.04	6.45	1.34	6.10

表 4-4　黄淮海地区 6 个代表站点各月份降水量模拟值与实测值的比较

站点	项目	1	2	3	4	5	6	7	8	9	10	11	12
北京	实测值/mm	2.60	4.81	8.10	20.26	27.53	55.12	129.81	116.37	36.55	19.15	7.40	2.68
	模拟值①/mm	2.64	5.57	8.42	20.40	27.59	55.33	130.63	117.16	36.92	19.60	7.49	222
	模拟值②/mm	2.70	5.23	8.66	20.54	28.52	55.37	130.65	116.93	36.69	19.68	7.88	251
	相对误差①/%	1.53	15.79	3.90	0.67	0.24	0.39	0.63	0.68	1.03	2.33	1.19	17.28
	相对误差②/%	3.94	8.78	6.94	1.38	3.60	0.46	0.65	0.48	0.38	2.77	6.48	6.32
石家庄	实测值/mm	4.08	7.69	11.86	22.60	36.23	51.39	140.51	154.28	51.79	28.81	15.36	4.93
	模拟值①/mm	4.28	8.56	12.29	22.96	37.21	52.22	140.83	154.60	52.13	29.61	16.04	5.40
	模拟值②/mm	4.34	8.50	12.66	23.18	36.49	51.53	140.85	154.90	52.24	29.74	15.63	5.21
	相对误差①/%	4.95	11.40	3.58	1.60	2.70	1.62	0.23	0.21	0.64	2.78	4.41	9.71
	相对误差②/%	6.29	10.52	6.70	2.60	0.71	0.28	0.24	0.40	0.87	3.23	1.72	5.82
安阳	实测值/mm	4.85	7.94	15.61	21.14	31.39	43.18	115.25	91.00	41.99	25.84	15.95	5.40
	模拟值①/mm	5.67	8.34	15.75	21.18	31.89	44.11	115.91	91.22	42.93	25.94	16.64	5.78
	模拟值②/mm	5.20	8.54	16.45	21.56	31.84	43.45	115.38	92.00	42.10	26.24	16.06	5.76
	相对误差①/%	16.84	5.08	0.91	0.16	1.60	2.15	0.57	0.24	2.24	0.40	4.38	7.18
	相对误差②/%	7.24	7.63	5.36	1.97	1.46	0.63	0.11	1.10	0.27	1.55	0.73	6.82

续表 4-4

站点	项目	1	2	3	4	5	6	7	8	9	10	11	12
郑州	实测值/mm	8.82	11.50	24.85	33.18	40.65	46.88	103.52	84.58	64.88	36.81	20.31	9.21
	模拟值①/mm	9.76	11.68	25.07	33.53	40.81	47.51	103.82	85.43	65.82	36.97	21.26	9.60
	模拟值②/mm	9.10	12.29	25.40	34.04	41.31	47.35	104.48	85.05	65.57	37.52	20.70	9.92
	相对误差①/%	10.68	1.52	0.86	1.06	0.41	1.34	0.29	1.01	1.44	0.45	4.65	4.21
	相对误差②/%	3.17	6.83	2.18	2.58	1.64	1.02	0.93	0.56	1.07	1.92	1.92	7.74
驻马店	实测值/mm	20.96	26.19	49.50	64.66	86.56	122.03	197.11	159.62	106.69	67.70	39.60	18.63
	模拟值①/mm	21.45	26.84	50.28	64.70	87.52	122.73	197.53	160.09	107.16	68.19	40.14	19.47
	模拟值②/mm	21.16	26.80	49.65	65.61	87.10	122.75	198.00	160.52	107.45	68.08	40.00	19.19
	相对误差①/%	2.37	2.50	1.58	0.05	1.11	0.57	0.21	0.29	0.44	0.73	1.38	4.47
	相对误差②/%	0.97	2.33	0.31	1.46	0.63	0.59	0.45	0.56	0.72	0.57	1.02	2.97
信阳	实测值/mm	29.68	42.32	67.49	86.08	123.43	144.78	195.82	153.03	104.07	76.83	49.86	24.13
	模拟值①/mm	30.60	42.89	67.93	86.93	123.49	145.04	196.44	153.07	104.10	77.02	50.69	24.91
	模拟值②/mm	29.94	43.15	67.86	86.68	124.03	144.97	195.89	153.64	104.57	77.65	50.48	25.05
	相对误差①/%	3.09	1.36	0.65	0.99	0.05	0.18	0.32	0.03	0.02	0.25	1.66	3.25
	相对误差②/%	0.88	1.97	0.55	0.71	0.49	0.13	0.04	0.40	0.48	1.07	1.24	3.82

由表 4-3 和表 4-4 可见,在①和②两种情况下,模拟的降水量和降水天数均与实测值符合良好,月降水天数的模拟值与实测值相对误差分别为 0.20% ~ 11.15% 和 0.08% ~

14.08%,平均相对误差为 3.33%和 4.01%;月降水量的模拟值与实测值相对误差分别为 0.02% ~ 17.28% 和 0.04% ~ 10.61%,平均相对误差为 2.44%和 2.36%。①和②的模拟结果无显著差别。不仅如此,6 个站点的月降水量和月降水天数的模拟值均与实测值符合很好,即模拟的 100 年降水数据与实测的 42 年降水数据具有很好的一致性。

　　黄淮海地区 6 个站点的 42 年逐日降水资料分析表明,联合应用一阶马尔科夫链和伽马分布函数可以很好地模拟黄淮海地区各站点的逐日降水数据,模型的模拟精度很高。基于统计分析实测降水数据得到黄淮海地区 6 个站点的 $P(W/D)$、$P(W/W)$ 与 f 之间,以及 β 与 P 之间均存在很强的线性关系,据此建立 $P(W/D)$,$P(W/W)$ 及 β 的 3 个回归模型的相关系数也较高。通过对黄淮海地区 6 个站点的 100 年逐日降水过程模拟,结果表明,应用以上模型间接推求的 $P(W/D)$、$P(W/W)$,α 及 β,同样可以很好地模拟黄淮海地区代表站点的逐日降水数据,模型的模拟精度也很高。为此,对于缺少降水资料的黄淮海其他地区,可以采用基于本书 6 个站点实测降水资料建立的回归模型估算转移概率和伽马分布参数。

第五章　降水有效利用过程及其模拟

第一节　冬小麦冠层截留特性及降水截留过程

　　农田作物冠层截留水量是指降水后,暂时滞留于茎秆、叶片表面以及叶鞘内最后通过蒸发形式损失掉的那部分水量(Lamm et al.,2000)。从降水有效利用的角度出发,作物冠层截留对降水的影响是不可低估的,有必要对其做一些研究。目前,国内外对林木的降水冠层截留过程研究相对较多(Liu et al.,1998;Klaassen et al.,1998;Gomez et al.,2001;王安志等,2005),针对农作物冠层对水分的截留效应,大多数是以稀植、高秆大叶玉米作为研究对象(李王成等,2003;王迪等,2006;Lamm F R et al.,2000),受观测方法的影响,对密植低矮小叶冬小麦的研究相对较少,尽管如此,国内一些研究者基于水量平衡法、称重法和擦拭法对冬小麦喷灌条件下冠层截留量及其相关影响因素做了一些研究(李久生,1999;杜尧东等,2001;王迪等,2006;王庆改等,2005;康跃虎等,2005)。然而,目前对于低矮、密植小叶的植株冠层截留量的测定仍比较困难,特别是冠层最大存储能力,国内外还没有一个成熟的方法。近些年,国内一些研究者(卓丽等,2009;胡建忠等,2004)尝试采用"简易吸水法"测定植株冠层截留量,试验结果在一定层面上反映了植株截留特性。鉴此,作者利用该方法,分别从单株和群体水平上对冬小麦进行了试验观测,研究了不同叶片数、叶面积、株高和鲜重与冬小麦单株截留性能的关系,在此基础上,探讨了叶面积指数、地上部生物量与冬小麦群体截留性能关系及不同生育期冬小麦截留量变化规律。

　　在有效降水量计算中,往往忽视了植被的降水截留损失,这样至少说在理论上是不完善的。因而,准确模拟植被的降水截留过程,对合理评价作物有效降水量具有现实意义和理论价值。目前,国内外对林木的降水冠层截留过程研究相对较多,并提出许多截留模型(Aston et al.,1979;王爱娟等,2009;王彦辉等,1998),但是对农田生态系统大田作物截留特性尚缺乏系统深入的研究,特别是对密植低矮小叶作物(冬小麦)的研究甚少。尽管国内一些学者针对喷灌条件下冬小麦冠层截留特性做了一些研究(Kang et al.,2005;王庆改等,2005;王迪等,2006),但尚未提及降水条件下冠层截留规律,也很少涉及冬小麦冠层降水截留模型的建立。另外,目前国内的林木冠层截留研究多集中在大尺度地区、长时间序列范围的水量分配分析,而在单次降水中反映出的冠层截留规律研究较少,在统计模型方面以线性模型的应用较多。鉴此,本书侧重对农作物冠层在次降水中的截留特性进行分析,对非线性模型的适用性进行探讨,尝试运用半概念模型拟合关系,并提出适用于试验区的模型相关参数。由于降水截留过程复杂,导致不同条件下测定的截留量不具可比性,因此本书借助模拟降雨器,探讨不同降水量、降雨强度及 LAI 条件下冠层拦截降水的能力及其差异,并建立适于冬小麦冠层降水截留的模型。

一、冬小麦冠层吸水截留特性

（一）单株冬小麦不同叶片数截留特性差异性分析

利用"简易吸水法"将不同时期单株冬小麦不同叶片数截留量进行分析比较。由表5-1可知，单株冬小麦各时期随着叶片数的增多，截留量增大，表明叶片数量对冬小麦单株截留量的影响较大。冬小麦各时期不同叶片数间单株截留量差异性分析表明，刚进入拔节期（3月31日和4月9日）不同叶片数间差异达到极显著水平（$p<0.01$）；拔节中期（4月19日）不同叶片数间差异达到显著水平（$p<0.05$）；拔节后期（4月29日）冬小麦植株叶片数趋于一致，基本在四五片，此时叶片数间差异未达到显著水平。各时期随着叶片数的增多，吸水率略有下降，但同一时期不同叶片间差异不明显（见表5-2）。

表5-1　各时期单株冬小麦不同叶片数截留量的比较　　　　　单位：g

叶片数	日期（月-日）			
	03-31	04-09	04-19	04-29
3	0.39±0.08 b B	0.91±0.11 b B	1.27±0.39 b A	
4	0.77±0.26 ab AB	1.00±0.36 b AB	1.36±0.35 b A	2.44±0.67 a A
5	1.09±0.50 a A	1.69±0.44 a A	1.69±0.34 a A	2.67±0.74 a A

注：同列不同小写字母和大写字母分别表示差异显著（$p<0.05$）和差异极显著（$p<0.01$）；多重比较采用Duncan新复极差法；下同。

表5-2　各时期单株冬小麦不同叶片数吸水率的比较　　　　　　　%

叶片数	日期（月-日）			
	03-31	04-09	04-19	04-29
3	34.29±7.41 a A	31.79±8.88 a A	36.85±14.59 a A	
4	27.96±6.81 a A	31.88±6.39 a A	28.01±2.29 a A	31.65±7.48 a A
5	34.64±14.43 a A	26.12±6.05 a A	26.22±7.58 a A	28.23±5.65 a A

此外，冬小麦单株同一叶片数不同时期截留量也不同。从表5-1可以看出，冬小麦拔节初期的截留量在各个叶片数时均低于拔节中期、后期，即随着生育进程，同一叶片数冬小麦单株截留量增大，且各生育期间差异达到极显著水平（$p<0.01$）。3叶植株截留量3月31日仅为0.39 g，分别是4月9日和4月19日3叶植株截留量的42.86%和30.71%；4叶植株截留量3月31日为0.77 g，分别是4月9日、4月19日和4月29日4叶植株截留量的77.00%、56.62%和31.56%；5叶植株截留量3月31日为1.09 g，分别是4月9日、4月19日和4月29日5叶植株截留量的64.50%、64.50%和40.82%。这说明，即使同一叶片数量不同生育期间截留量也有很大差异。

同时从表5-2也可以看出，相同叶片数不同生育期间吸水率无明显规律，差异均未到达显著水平，3叶植株各生育期吸水率为31.79%~36.85%，4叶植株各生育期吸水率为27.96%~31.88%，5叶植株各生育期吸水率为26.12%~34.64%。

（二）单株冬小麦截留特性与叶面积的关系

为了分析叶面积对单株冬小麦截留性能的影响，图5-1~图5-3分别绘出了不同叶片数冬小麦叶面积与单株截留量、吸水率的关系，从图5-1~图5-3可以看出不同叶片数冬小麦单株截留量与其叶面积均呈线性正相关关系。通过统计回归分析和方程显著性检验,结果表明,3 叶植株($n=45,F=18.441\ 9,p=0.000\ 1$)、4 叶植株($n=60,F=41.815\ 5$,$p=0$)和 5 叶植株($n=60,F=6.154\ 8,p=0.016\ 4$)冬小麦单株截留量随叶面积的增大而增大,线性回归方程均达显著水平;而不同叶片数植株叶面积对吸水率影响均不显著。从叶片数量对单株冬小麦截留性能的影响来看,也很好地说明了这一点。

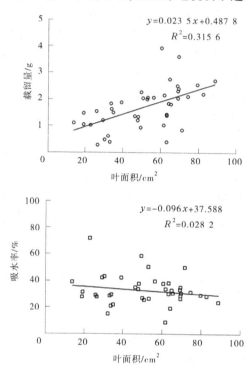

图 5-1　3 叶植株冬小麦叶面积与单株截留量、吸水率的关系

(三)单株冬小麦截留特性与株高、植株鲜重的关系

冬小麦植株高度不同,其截留性能也不同。从图 5-4 可以看出,各个生育期中,虽然叶片数不同,但冬小麦的截留量均随着株高的增加而增加,而吸水率则随着株高的增加略有降低(见图 5-4)。通过方差回归分析,冬小麦的单株截留量与株高呈线性正相关关系,回归方程达到显著水平($n=165,F=218.319\ 8,p=0$);冬小麦的单株吸水率与株高呈线性负相关关系,回归方程也达到显著水平($n=165,F=7.004\ 1,p=0.009\ 0$)。

冬小麦冠层具备截留能力的器官除叶片、茎秆外,还包括麦穗,为了全面、准确地确定冬小麦冠层截留性能,需要同时考虑整个地上植株体的影响。由于植株鲜重由叶片、茎秆和穗三部分重量构成,因此在某种程度上可以作为一个综合指标。由图 5-5 可以看出,冬小麦单株截留量随植株鲜重的增大而增大,而单株吸水率则随植株鲜重的增大而降低。回归分析表明,冬小麦单株截留量与植株鲜重呈较好的线性正相关关系($n=165,F=286.462\ 7,p=0$),相应吸水率与植株鲜重呈线性负相关关系($n=165,F=25.453\ 0,p=0$)。

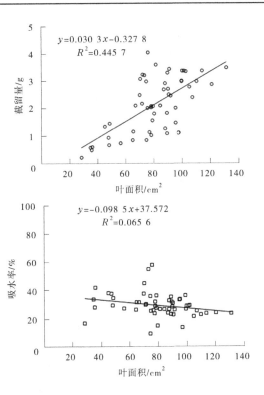

图 5-2　4 叶植株冬小麦叶面积与单株截留量、吸水率的关系

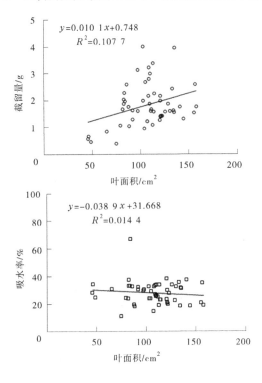

图 5-3　5 叶植株冬小麦叶面积与单株截留量、吸水率的关系

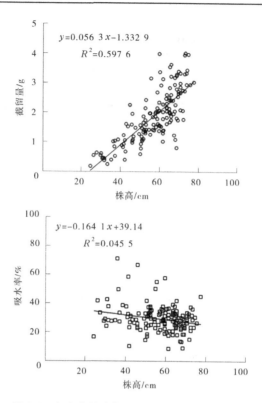

图 5-4 冬小麦株高与单株截留量、吸水率的关系

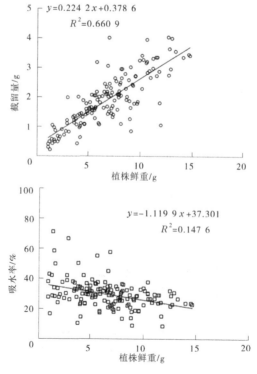

图 5-5 冬小麦植株鲜重与单株截留量、吸水率的关系

(四)群体冬小麦截留特性与 LAI、地上部生物量的关系

图 5-6 为冬小麦生长期间(拔节期至成熟期)群体冠层截留的测定值和叶面积指数(LAI)的关系。从图 5-6 可以看出,冬小麦冠层截留量与 LAI 呈正相关关系,对回归方程进行显著性检验($n=35$,$F=11.750\ 8$,$p=0.001\ 6$)可知回归方程显著,这表明冬小麦冠层截留量随 LAI 的增大而线性增大。冬小麦冠层吸水率与 LAI 呈负相关关系,同样对回归方程进行显著性检验($n=35$,$F=4.390\ 7$,$p=0.043\ 9$),回归方程显著,这表明冬小麦冠层吸水率随 LAI 的增大而线性减小。

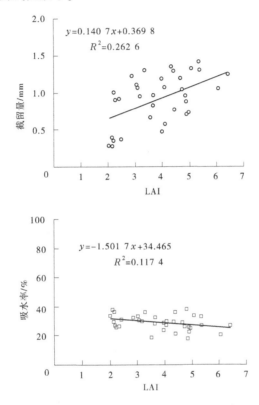

图 5-6　冬小麦 LAI 与群体截留量、吸水率的关系

从图 5-7 可以看出,冬小麦生长期间(拔节期至成熟期)冠层截留量与地上部生物量呈正相关关系,对回归方程进行显著性检验($n=35$,$F=127.079\ 6$,$p=0$),回归方程显著,这表明地上部生物量对冬小麦冠层截留量有显著影响,冠层截留量随地上部生物量的增大而线性增大。冬小麦冠层吸水率与地上部生物量呈负相关关系,对回归方程进行显著性检验($n=35$,$F=4.404\ 1$,$p=0.043\ 6$),回归方程显著,这表明冬小麦冠层吸水率随地上部生物量的增大而线性减小。

(五)不同生育阶段冬小麦群体截留量

从图 5-8 中可以看出,冬小麦生长期间(拔节期至成熟期),其冠层截留量随生育进程先增大后减小。2011 年 3 月 31 日冬小麦刚刚进入拔节期,植株矮小、LAI 较小,此时冠层截留量最小,仅为 0.34 mm;以后随着小麦分蘖数的增加和生长,LAI 逐渐增大,冠层截留量也逐渐增大,直至植株株高和 LAI 达到最大时,即抽穗期,此时冠层截留量达到最大值,

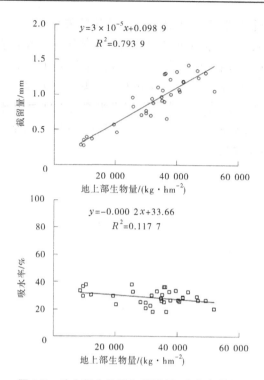

图 5-7　地上部生物量与截留量、吸水率的关系

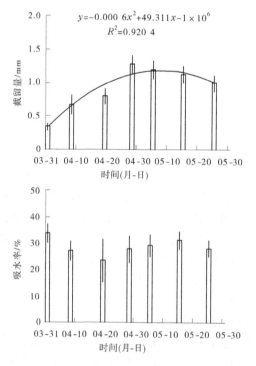

图 5-8　冬小麦不同生育期截留量、吸水率的比较

为1.28 mm。之后,随着营养物质向生殖器官(穗部)的转移,冬小麦叶片开始老化、减少,同时 LAI 降低,叶片的这种空间结构的变化,使得冬小麦冠层不易于贮存水分,冠层截留量开始减少,但减少幅度不大。冬小麦冠层截留量不同生育期间差异达到极显著水平($p<0.01$)。冬小麦冠层吸水率不同生育期呈现无规律变化,差异不显著。

二、冬小麦冠层降雨截留过程及其模拟

(一)冬小麦棵间雨量及其百分比与降雨量的关系

利用模拟降雨器,模拟 6 次不同降雨特性的降雨过程,即降雨强度分别为 0.33 mm/min、0.67 mm/min、1.00 mm/min、1.33 mm/min、1.67 mm/min 和 2.00 mm/min,降雨历时均为 20 min,降雨总量控制在 6.67~40 mm。图 5-9 为模拟的 6 次降雨中棵间雨量及其百分比与降雨量的关系。通过回归分析,建立了棵间雨量与降雨量的回归方程,两者呈显著的线性正相关($p<0.01$)。根据降雨量和棵间雨量的回归方程:$T=0.981(P-1.22)$,可以从理论上计算得知降雨量小于 1.22 mm 时,冬小麦冠层下将无穿透雨,这与实际观测的小于或等于 2 mm 降雨,没有穿透雨基本吻合,与李衍青(2010)、Aston(1979)的研究相一致。由上述分析可见,冬小麦冠层截留不能轻易忽略,尤其雨量级较小时,降雨一般无效,由于冠层截留损失,不能及时补充冬小麦所需水分,仍然需要补充灌溉。

由图 5-9 还可以看出,棵间雨量百分比随着降雨量的增加而逐渐增大,到最后趋于稳定值。通过对棵间雨量百分比与降雨量之间的关系进行多种函数的拟合,比较得知对数函数具有较高的拟合性($p<0.01$)。

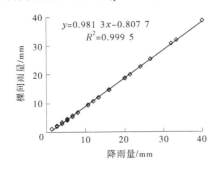 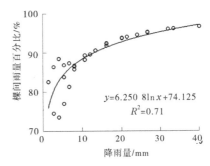

图 5-9　冬小麦棵间雨量及其百分比与降雨量的关系

(二)棵间雨量百分比、截留量百分比与降雨强度的关系

选择降雨历时 20 min 平均棵间雨量百分比来分析降雨强度对其的影响。按降雨强度从小到大(0.33~2.00 mm/min),对应的平均棵间雨量分别占降雨量的百分比为 77.79%、86.99%、90.09%、91.67%、92.70%和93.33%。通过回归分析得到降雨强度和棵间雨量百分比以及冠层截留量百分比之间的拟合曲线可以看出,棵间雨量百分比随降雨强度的增大而逐渐增加,当降雨强度超过 1 mm/min 后,棵间雨量百分比增加趋缓。回归方程如下:

$$T(\%) = 96.7837\exp(-0.0719/P) \quad (R^2 = 0.999, p < 0.01) \quad (5\text{-}1)$$

在忽略降雨期间蒸发的前提下,冠层截留量百分比与棵间雨量百分比互为消长,冬小

麦冠层截留量百分比则随降雨强度的增大逐渐减小(见图 5-10)。

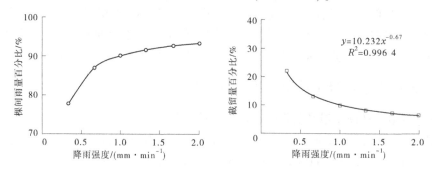

图 5-10　冬小麦棵间雨量百分比、截留量百分比与降雨强度的关系

(三)降雨强度对冬小麦冠层截留的影响

不同降雨强度下冬小麦冠层截留试验在灌浆期(5 月 9 日)开展,由图 5-11(a)可以看出,不同降雨强度下冬小麦随降雨历时表现出不同的截留过程,尽管降雨强度不同,但各处理冬小麦冠层截留容量基本相同,这表明降雨强度对冠层截留容量没有明显影响。从图 5-11(a)中还可以看出,雨强大的处理,其达到稳定、接近冠层截留容量时所需时间较短。

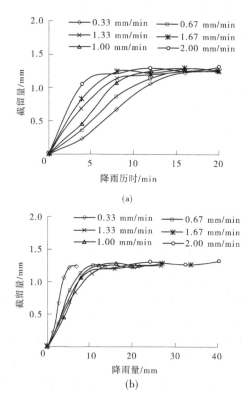

图 5-11　不同降雨强度下冬小麦冠层截留量随降雨时间、降雨量的变化

(四)降雨量对冬小麦冠层截留的影响

为了分析降雨量与冠层截留量两者间的关系,图5-11(b)绘出了不同降雨强度模拟试验的冠层截留量随降雨量的变化情况。从图5-11(b)可以看出,在相同降雨量下,随降雨强度的增大截留量减小,呈明显的负相关关系,并且这种关系随降雨强度差别的加大而更加明显。如0.33 mm/min与2.00 mm/min相比,在降雨量接近4 mm时,两种降雨强度下冬小麦冠层截留量相差0.53 mm。这是由于降雨强度越大雨滴越大,对冬小麦植株枝叶的打击力越大,使枝叶产生较强的震动不易于附着降雨,从而降雨冠层截留量越小;相反,降雨强度小的雨量,降雨历时较长,既有利于枝叶对雨水的吸附,也使蒸发量有所增加,从而形成以上结果。

从图5-11(b)还可以看出,当降水量小于6 mm时,冠层截留量随降雨量的增加而迅速增加;当降水量大于10 mm时,其增加速度逐渐减缓;直至接近或达到冠层截留容量后,冠层截留量的增加会很少或者不再增加(孙庆艳等,2009;张焜等,2011)。将不同降雨强度下降雨量与其冠层截留量进行相关性分析(见表5-3),结果表明,各降雨强度模拟试验中,两者均表现出幂函数关系,并且相关性较高。

表5-3　麦田不同降雨强度下降雨量与截留量关系

降雨强度/ (mm/min)	回归方程	相关系数	显著性
0.33	$I_c = 0.3094P^{0.7825}$	0.9756	$p<0.01$
0.67	$I_c = 0.2889P^{0.6005}$	0.9759	$p<0.01$
1.00	$I_c = 0.3534P^{0.4574}$	0.9600	$p<0.01$
1.33	$I_c = 0.4887P^{0.3043}$	0.9836	$p<0.01$
1.67	$I_c = 0.6283P^{0.2144}$	0.9853	$p<0.01$
2.00	$I_c = 0.8334P^{0.1265}$	0.9975	$p<0.01$

另外,由表5-3可知,不同降雨强度下,各回归方程参数相差不大,这是由于冬小麦冠层截留量较小,在较短时间内,就趋近于其冠层截留容量,因此降雨强度对截留过程影响并不明显。综合分析6次模拟降雨截留资料,从曲线拟合的变化趋势看,冠层截留量与降雨量之间呈显著的正相关关系,两者同样可由幂函数关系式表征(见图5-12),且拟合相关性较高,回归方程同样到达显著水平($p<0.01$)。因此,可通过建立降水量与冠层截留量的关系模型,用降雨量来估测冬小麦冠层截留。它最大的优点是形式简单,不需要复杂的理论推导和计算,但是忽略了截留机制和冠层结构,势必造成估算的精度不够,尤其在雨量较大时,出现的误差较大(见图5-12)。植株冠层截留过程本身是非线性过程,除受降雨量影响外,它也与冠层特征、结构及气象因子等因素有关。因此,在研究中还应注重作物冠层截留机制及其特征共同约束的机制模型的构建。

冬小麦冠层截留量百分比和降雨量之间存在负相关性,冠层截留量百分比的变化表现出阶段性,即快速下降阶段、缓慢下降阶段、相对稳定阶段,随降雨量变化呈负幂函数关系(见图5-12)。

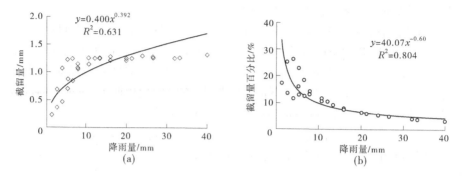

图 5-12　冬小麦冠层截留量及其百分比与降雨量的关系

（五）冬小麦冠层截留容量与叶面积指数的关系

LAI 是表征降雨冠层截留容量的指标（余开亮等，2011）。从图 5-13 可以看出，冬小麦各生育阶段 LAI 存在差异，使得模拟降雨条件下冠层截留容量各不相同，表现为 LAI 较小（3 月 29 日），冠层截留容量也小（0.36 mm），随着 LAI 增加，冠层截留容量相应增大，在冬小麦抽穗期（4 月 30 日），LAI 达到最大（6.42），此时冠层截留容量也最大（1.34 mm）。单因素方差分析表明，冬小麦不同 LAI 的冠层截留容量差异达到极显著水平（$p <$ 0.01）。

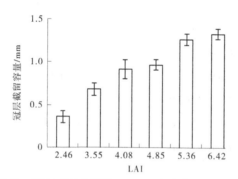

图 5-13　不同叶面积指数（LAI）下冬小麦冠层截留容量

三、冬小麦冠层截留概念模型的建立

（一）模型构建

冠层截留模型对于理解冬小麦冠层降水截留作用、估算冠层截留量、模拟降雨利用过程具有重要意义。在模型构建过程中，机制性模型往往需要较多的参数，应用常受较多限制，而简单的经验模型又不能很好地揭示截留作用机制。冠层截留概念模型是认识植被冠层截留物理学过程的重要手段，该模型大都按照截留机制，把截留量分解为吸附截留和植株体表面蒸发导致的附加截留（王爱娟等，2009），较好地描述了冠层截留机制和过程，克服了统计模型参数物理意义不明确或与气象数据结合不紧密等缺点，具有较好的应用前景。在众多概念模型中，以 Horton 模型应用改进较多，Horton 模型［式（5-2）］较多地考虑了截留机制和过程，但把吸附容量过分简化为一个常数，因此不适用于小雨量降雨事件。

$$I_{c} = I_{cm} + ert \tag{5-2}$$

式中　I_{c}——林冠截留量，mm；

　　　I_{cm}——冠层截留容量，mm；

　　　e——湿润树体表面蒸发强度，mm/h；

　　　r——植株体（包括叶和枝干）表面积与林冠投影面积的比值；

　　　t——降雨历时，h。

随后，将式(5-2)改进成式(5-3)的形式，但把附加截留也看作随雨量增加而指数衰减，这与事实不符。

$$I_{c} = (I_{cm} + ert)(1 - e^{-kP}) \tag{5-3}$$

式中　P——次降雨量，mm；

　　　k——衰退指数；

　　　其他符号意义同前。

为此，Aston 等(1979)认为，按截留机制，冠层截留量可分解为吸附截留和树体表面蒸发导致的附加截留：

$$I_{c} = I_{cm}\left[1 - \exp\left(\frac{-P}{I_{cm}}\right)\right] + ert \tag{5-4}$$

后来，王彦辉等(1998)对式(5-4)进行了必要的简化，提出了仅有 2 个独立参数(降雨蒸发率 α 和冠层截留容量 I_{cm})的截留模型：

$$I_{c} = I_{cm}\left[1 - \exp\left(\frac{-P}{I_{cm}}\right)\right] + \alpha P \tag{5-5}$$

式中　α——降雨蒸发率；

　　　其他符号意义同前。

针对上述概念模型，不少学者多数局限在林冠截留过程的模拟，很少将上述模型应用到农作物上，尤其是小叶密植作物(冬小麦)。考虑到林冠截留和冬小麦冠层截留的相似性，本书借鉴常见的林冠截留降雨模型的构建机制，在前人研究的基础上，引入概念模型，结合前文对冬小麦模拟降雨截留过程的分析以及野外试验的实际情况，考虑作物不同生育阶段叶面积指数对冠层截留容量的影响，增加叶面积指数对王彦辉等(1998)提出的模型进行修正，并将林冠截留模型应用到冬小麦冠层截留模拟中，提出一个适合冬小麦不同生育阶段的冠层截留模型，修正模型如下：

$$I_{c} = f(LAI)\left[1 - \exp\left(\frac{-P}{f(LAI)}\right)\right] + \alpha P \tag{5-6}$$

式中　I_{c}——冠层截留量，mm；

　　　α——降雨蒸发率；

　　　P——次降雨量，mm；

　　　LAI——冬小麦叶面积指数，通过量测法获取降雨时的 LAI 值。

(二)模型参数确定

1.冠层截留容量的确定

冠层截留容量是表征冠层截留降雨能力的重要参数，包括叶片截留容量和茎秆吸附容量。冠层截留容量受植被叶面积指数、种植密度以及空气干燥状况等因素的影响(Limousin et al.,2008;徐丽宏等,2010)。确定冠层截留容量的方法主要有吸水法、基于野外试验数据的回归法以及基于微波衰减技术的遥感法等(Klaassen et al.,1998;卓丽等,2009)。

本书通过模拟降雨结合水量平衡法,测定冬小麦冠层截留容量,建立冠层截留容量与叶面积指数相关模型。将冬小麦生长期间(拔节期至成熟期)群体冠层截留容量的测定值和叶面积指数(LAI)进行拟合,关系式如下:

$$I_{cm} = f(\text{LAI}) = 0.256\text{LAI} - 0.217 \quad (n = 24, R^2 = 0.911) \tag{5-7}$$

式中,n 为样本数量。

通过回归分析和方差检验,冬小麦冠层截留容量与 LAI 呈线性正相关关系,回归方程达到显著性水平($p<0.01$)。由此,根据 LAI 可推算冬小麦不同生育阶段的冠层截留容量。

2. 降雨蒸发率 α

该参数主要受空气温度、湿度、风速等影响较大,理论上,降雨期瞬时蒸发量可采用 PM 公式计算,但由于该公式计算需要大量参数,并且部分数据较难获得,鉴于不易取得这些动态数据,将降雨期蒸发项简化为降雨量的比例。以式(5-6)、式(5-7)作为模型,对模型的参数进行估计,即采用麦夸特法(Levenberg-Marquardt),对冬小麦 2010 年返青后 18 次模拟降雨和天然降雨实测的次降雨量 P 和次降雨截留量 I_c 进行回归拟合,得到参数 $\alpha = 0.008$($R^2 = 0.811$)。值得注意的是,α 值为该地区经验值,它并没有完全体现出冬小麦整个生长期的气象因子的影响状况。

(三)冬小麦冠层截留的模拟

通过以上分析,对建立的模型进行效果评价,本书修正模型很好地反映了实测值的变化,模拟值与实测值基本吻合,两者相关系数在 0.80 以上。总体来说,获得的冬小麦冠层截留模型是符合作物冠层降雨截留客观规律的,基本上能够反映冬小麦冠层截留的实际情况。当然模型本身也存在一些不足:一方面,没有考虑冠层干燥程度对截留容量的影响,这是误差产生的重要因素之一;另一方面,降雨蒸发率 α 为经验系数,过于概化气象因子的影响。此外,LAI 的获取采用量测法,本身也存在一定人为和样本误差。因此,在模型应用时,还应根据实际情况进行适当调整,尤其是模型中的参数。

第二节　冬小麦降雨产流、入渗特征影响因素

地表径流与降雨利用过程密切相关,是农田系统中下垫面对降雨的再分配过程。当降雨强度超过地面下渗能力(超渗产流)或地面以下土层含水量达到饱和时(蓄满产流),地表就会滞蓄一定深度的水层,从而形成径流。受诸多因素的影响,径流的产生与降水特征(沈冰等,1995;吴发启等,2000;Itoh et al.,2000;Arnaez et al.,2007)、植被冠层截留(张光辉等,1996;宋孝玉等,1998;王占礼等,2005;赵鹏宇等,2009;朱冰冰等,2010;Pan et al.,2006;Self-Davis et al.,2003)、土壤水分(贾志军等,1987;陈洪松等,2006)、坡度(陈洪松等,2005;耿晓东等,2009;吴希媛等,2006)、土壤类型和不同土地利用方式(李广等,

2009；赵鹏宇等，2009)等都有一定关系。由于天然降雨周期长，难以人为控制，在自然降雨条件下获得准确的农田径流资料是非常困难的，人工模拟降雨的研究方法可以在很大程度上提高试验研究效率，在短时间和不受自然条件的限制下获得大量的资料，尽可能地量化影响因素，使研究问题标准化、具体化，便于深入研究降雨对麦田产流过程的影响。为此，国内一些研究者利用人工模拟降雨对地表产流规律及其影响因素进行了大量的研究(贾志军等，1987；沈冰等，1995；张光辉等，1995，1996；陈洪松等，2005；王占礼等，2005，2008；赵鹏宇等，2009；耿晓东等，2009；李广等，2009；朱冰冰等，2010)，但多集中在坡地、裸地或草地，针对农田系统农作物降雨产流规律开展系统研究较少，同时，目前的研究多在特定影响因素下进行降雨产流过程的试验研究和数值模拟，未探讨多种因素的影响，也未对各影响因素的综合作用进行对比，更没有提到多因素影响下降雨产流规律的定量关系。鉴此，在前人研究基础上，作者基于人工降雨模拟试验数据，运用统计分析的方法，探讨不同降雨特性、植株冠层覆盖及土壤初始含水量对冬小麦降雨产流过程的影响，并得出产流特征受多因素影响的定量关系，对于阐述麦田产流机制及其规律、分析麦田降雨有效利用程度等具有重要意义。

降雨入渗过程是极其复杂的(陈力等，2001)。降雨地表入渗过程是一种强烈依赖于大气降水、地面蒸发及土壤水力学特性的非线性过程(Giorgi P.，1997)。以双环法为代表的有压入渗测定方法在整个入渗过程中处于静水条件单点有压(积水)下，下垫面表面不承受雨滴的打击破坏作用，它所测得的土壤入渗率结果往往偏大(Nicola Fohrer et al.，1999)。因此，该方法入渗模型或公式直接用于降雨产流入渗计算是不够准确的。而采用人工降雨试验方式测定土壤入渗，不仅克服了双环法的一些不足，而且可得到不同地类在降雨条件下的入渗特性，更接近实际。为此，针对降雨入渗规律，许多学者借助人工模拟降雨对此做了大量的研究(Bodman et al.，1944；Gaze et al.，1997；Cerda，1999；沈冰等，1993；王晓燕等，2001；吴发启等，2003；宋孝玉等，2005；陈洪松等，2006；耿晓东等，2009)，并得出了诸多有益的结论。但以往众多学者大多是在无植被、无作物或灌草种植条件下进行的，而对农田降雨入渗特征的研究相对较少。同时，目前的研究多在特定影响因素下进行降雨入渗过程的试验研究和数值模拟，未探讨多因素影响下降雨入渗规律的定量关系。因此，将进行有作物生长条件下的地表产流入渗模拟，但要达到理想的结果必然会有一定的难度。同样基于人工降雨模拟试验数据，运用统计分析的方法，分析入渗特征与各影响因子的定量关系，并建立多因素影响下麦田降雨入渗特征的计算模型。

一、冬小麦产流时间影响因素及其计算模型

(一)降雨强度对麦田产流时间的影响

通过多次模拟降雨试验，以不同降雨强度为横坐标、对应产流时间为纵坐标，绘制两者相关关系图(见图5-14)。从图5-14可以看出，随着降雨强度的增大，地表开始产生径流的时间也随之缩短，即降雨强度与产流时间呈负相关，其主要原因是降雨强度增大时，降雨量超过了土壤可能的渗透量，地表很快出现超渗雨量的汇集而形成地表径流。超渗雨量汇集得越快，开始产生径流的时间越早。通过对试验资料统计分析可知，麦田降雨产流时间与降雨强度的函数关系式为

$$t_p = 18.646x^{-1.489} \quad (R^2 = 0.8, n = 12, p < 0.01) \tag{5-8}$$

式中　　t_p——产流时间，min；

　　　　RI——降雨强度，mm/min。

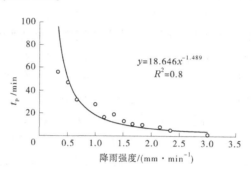

图 5-14　降雨强度与麦田产流时间相关关系

产流时间 t_p 与降雨强度 RI 之间存在显著幂函数关系，方差分析表明，回归方程的 F 检验值为 65.75，通过 $\alpha = 0.01$ 的检验，具有较高的置信度。

（二）冠层覆盖对麦田产流时间的影响

作物种类及生育阶段不同，覆盖程度也不同。冬小麦为密植作物，冠层覆盖度随生育阶段而变化。从图 5-15 和图 5-16 可以看出，降雨强度一定时，随着叶面积指数和株高的增加，麦田产流时间基本呈线性延长，叶面积指数和株高越大，麦地降雨开始产流所需时间越长。另外，从图 5-15 中还可以看出，冬小麦冠层覆盖度不同，随着降雨强度的加大而引起产流时间提前的幅度也不一样。当 LAI 为 3.32 时，两雨强对应的产流时间相差超过 5.6 min；当 LAI 增加到 8.21 时，相应的产流时间相差不足 2 min，增幅减小。这表明当作物冠层覆盖度足够大时，降雨强度对产流时间的影响不是很显著。

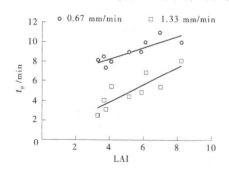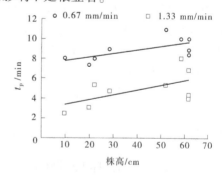

图 5-15　冬小麦叶面积指数与产流时间相关关系　　图 5-16　冬小麦株高与产流时间相关关系

对叶面积指数及株高与产流时间的相关性分别进行方差分析，拟合方程如表 5-4 所示。

由表 5-4 可知，叶面积指数与产流时间的相关系数最高，且达到极显著性水平；株高对产流时间的影响未达到显著性水平；这表明叶面积指数相对株高对产流时间影响最为显著。因此，可用叶面积指数来表征作物冠层覆盖度对产流时间的影响，即叶面积指数越大，植株冠层越密集，降雨透过冠层到达地表，就需要更多的时间，相应产流时间滞后。

表 5-4　产流时间与冬小麦冠层覆盖指标相关性分析

冠层覆盖指标	降雨强度/ (mm/min)	回归方程	R^2	显著性	样本数
叶面积指数 LAI	0.67	$t_p = 0.058\ 86LAI + 5.911\ 3$	0.737 1	$p<0.01$	9
	1.33	$t_p = 0.894\ 0LAI+0.264\ 5$	0.728 7	$p<0.01$	9
株高 H/cm	0.67	$t_p = 0.035\ 8H + 7.502\ 7$	0.439 0	$p>0.05$	9
	1.33	$t_p = 0.048\ 8H + 2.914\ 1$	0.349 7	$p>0.05$	9

（三）土壤初始含水量对麦田产流时间的影响

土壤水分状态是影响降雨产流过程的重要因素之一。土壤前期含水量的大小也在很大程度上影响产流时间。排除降雨强度和作物覆盖度对产流开始时间的影响,分析了各土层初始土壤含水量对产流时间的作用,0~20 cm、0~40 cm 和 0~60 cm 土层初始土壤含水量与产流时间相关关系如图 5-17~图 5-19 所示。

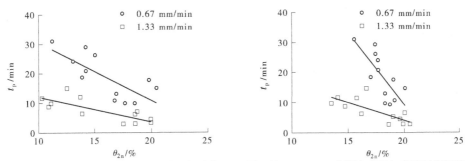

图 5-17　0~20 cm 土壤含水量与产流时间相关关系　　图 5-18　0~40 cm 土壤含水量与产流时间相关关系

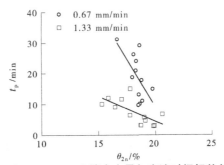

图 5-19　0~60 cm 土壤含水量与产流时间相关关系

从图 5-17~图 5-19 可以看出,同一雨强在不同土壤含水状态下,产流时间有着明显的差别,土壤含水量越大,产流时间越早;土壤含水量越小,产流时间越迟。降雨前初始土壤含水量与产流时间之间存在负线性相关关系。初始土壤含水量对产流时间的这种影响,随着土壤含水量的逐渐饱和而减弱。从图 5-17~图 5-19 中还可看出,当麦田初始土壤含水量接近最大水分含量范围时,两降雨强度产流时间差值变小,即产流时间受降雨强度的影响不明显,但当土壤初始含水量较低时,降雨强度对麦田降雨产流时间的影响存在明显差异。

由表 5-5 可知,0~20 cm、0~40 cm 土壤含水量与产流时间具有较明显的线性负相关关系,相关系数较高($p<0.01$);40 cm 以下土壤含水量对产流时间影响相对较小。

表 5-5　产流时间与冬小麦初始土壤含水量相关性分析

土层/cm	降雨强度/ (mm/min)	回归方程	R^2	显著性	样本数
0~20	0.67	$t_p = -1.949\,2\theta_{20} + 50.090\,2$	0.558 1	$p<0.01$	12
	1.33	$t_p = -1.196\,8\theta_{20} + 26.742\,5$	0.728 7	$p<0.01$	12
0~40	0.67	$t_p = -4.655\,8\theta_{40} + 102.760\,0$	0.537 9	$p<0.01$	12
	1.33	$t_p = -1.153\,9\theta_{40} + 27.646\,2$	0.544 9	$p<0.01$	12
0~60	0.67	$t_p = -6.167\,5\theta_{60} + 132.540\,2$	0.358 8	$p<0.05$	12
	1.33	$t_p = -1.589\,4\theta_{60} + 36.407\,4$	0.462 3	$p<0.05$	12

注:θ_{20}、θ_{40} 和 θ_{60} 分别为 0~20 cm、0~40 cm、0~60 cm 土层初始平均土壤含水量(占干土重百分比,%)。

(四)产流时间计算模型

综合考虑以上各影响因素,对上述单因素麦田模拟降雨试验资料(累计模拟降雨 54 次)进行了逐步多元回归统计分析。

线性回归模型:

$$t_p = 19.272\,6 - 14.014\,1RI + 3.739\,8LAI - 0.747\,2\theta_0 \quad (R^2 = 0.480\,0, n = 54, p < 0.01)$$

(5-9)

幂函数回归模型:

$$t_p = 20.307\,0RI^{-1.076\,1}LAI^{1.520\,9}\theta_0^{-1.184\,4} \quad (R^2 = 0.686\,5, n = 54, p < 0.01) \quad (5-10)$$

式中　t_p——产流时间,min;

　　　RI——降雨强度,mm/min;

　　　LAI——叶面积指数;

　　　θ_0——0~40 cm 初始土壤含水量(占干土重百分比,%)。

通过比较产流时间和其他三个因子之间的函数关系拟合结果(见表 5-6 和表 5-7)可知,幂函数的相关系数较高,拟合较好;经 t 检验(见表 5-4),各变量回归系数按 $\alpha = 0.05$ 水平,均有显著性意义($p<0.01$),方程回归效果较好。

表 5-6　麦田产流时间线性模型参数方差分析

变量	回归系数	标准回归系数	偏相关	标准误	t 值	p 值
常数	19.272 6	—	—	7.315 7	2.634 4	0.011 2
RI	-14.014 1	-0.557 4	-0.606 5	2.598 3	5.393 5	0
LAI	3.739 8	0.448 3	0.516 2	0.877 6	4.261 4	0.000 1
θ_0	-0.747 2	-0.231 1	-0.297 6	0.339 0	2.204 0	0.032 2

表 5-7　麦田产流时间幂函数模型参数方差分析

变量	回归系数	标准回归系数	偏相关	标准误	t 值	p 值
常数	20.307 0	—	—	0.856 5	3.515 5	0.000 9
RI	−1.076 1	−0.625 4	−0.743 2	0.137 0	7.855 1	0
LAI	1.520 9	0.497 2	0.658 9	0.245 5	6.194 4	0
θ_0	−1.184 4	−0.339 8	−0.513 8	0.279 7	4.234 6	0.000 1

通过分析计算值与实测值之间的统计关系可知,计算值与实测值之间相关系数 r 为 0.828 6($p<0.01$),说明计算值与实测值比较接近;对 t_p 拟合残差分析可以看出,残差值都在 −2~+2 之内,且呈现无规律的散点分布,这说明方程比较合理。因此,选用幂函数形式模型可以应用到本试验中进行模拟、预测。

(五)模型检验

为检验模型精度和可靠性,借助人工模拟降雨器,在冬小麦返青后不同时期随机模拟 19 场不同降雨强度和土壤含水量降雨产流试验。根据 19 场人工降雨模拟试验观测资料,验证麦田产流时间计算模型的模拟效果。检验模型的方法,主要是对模拟结果与实测值进行比较,并进行误差分析(见表 5-8)。

表 5-8　麦田产流时间模拟值与实测值的比较

序号	t_p 实测值/min	t_p 模拟值/min	绝对误差/min	相对误差/%
1	5.12	5.47	0.35	6.84
2	31.25	28.22	3.03	9.70
3	17.80	14.43	3.37	18.93
4	9.73	11.78	2.05	21.07
5	18.60	16.59	2.01	10.81
6	12.32	10.59	1.73	14.04
7	4.71	5.15	0.44	9.34
8	6.56	7.95	1.39	21.19
9	12.87	11.28	1.59	12.35
10	11.45	10.32	1.13	9.87
11	8.12	7.70	0.42	5.17
12	6.49	7.25	0.76	11.71
13	7.22	8.13	0.91	12.60
14	8.54	7.23	1.31	15.34
15	2.56	2.95	0.39	15.23
16	4.15	3.60	0.55	13.25
17	8.12	9.40	1.28	15.76
18	6.98	5.96	1.02	14.61
19	5.42	4.52	0.90	16.61

由表 5-8 可知,产流时间的模拟值与实测值比较接近,绝对误差最大为 3.37 min,最小为 0.35 min,相对误差变化范围为 5.17% ~ 21.19%。通过模拟值和实测值一致性检验可知,数据点均匀分布在 $y=x$ 直线两侧,模拟值与实测值的相关系数 r 为 0.982 5($n=19,p<0.01$),斜率为 0.845 4,接近于 1,以上表明该模型模拟精度高,具有较好的模拟效果。

二、麦田降雨产流特征影响因素及其计算模型

(一)降雨强度对麦田产流过程的影响

该模拟试验在冬小麦拔节前进行,试验期间各处理作物冠层覆盖度(LAI)基本相同,每次试验前用小雨模拟降雨让土体充分湿润但尚未产流,以排除土壤初始含水量因素影响,即土壤水分条件基本一致。

试验结果表明,产流时间随降雨强度的增大而提前,见图 5-20(a)。1.00 mm/min,1.33 mm/min,1.67 mm/min,2.00 mm/min 和 2.33 mm/min 对应的产流时间分别为 31 min、17 min、10 min、8 min 和 5 min。各降雨强度下,径流强度随降雨历时的增大总体上均呈现出增大的趋势。在产流开始后的 15 ~ 20 min 内,径流强度快速增大,以后逐步变缓,并趋向稳定。降雨强度越大,其径流强度过程曲线越高。1.00 mm/min、1.33 mm/min、1.67 mm/min、2.00 mm/min 和 2.33 mm/min 的稳定径流强度分别为 0.25 mm/min、0.50 mm/min、0.82 mm/min、1.08 mm/min 和 1.27 mm/min。

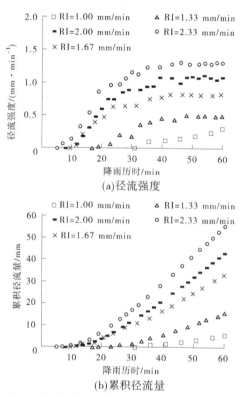

图 5-20　麦田径流强度、累积径流量随降雨历时变化过程

图 5-20(b)给出了麦田累积径流量随降雨历时的变化过程。在其他条件一定时,不同降雨强度下的累积径流量均随着降雨历时的延长而增大;降雨强度越大,累积入渗量随时间延长趋势越快,即同一时间,降雨强度不同时,累积径流量增加的速率和幅度均有所差别。在开始阶段,即产流前 20 min,累积径流量增幅较慢,累积径流量随降雨历时的变化曲线很接近,看不出明显差距;20 min 以后,累积径流量曲线之间的距离逐渐拉开。按照降雨强度从 1.00~2.33 mm/min 的顺序,在 40 min 时,与最小降雨强度(1.00 mm/min)的径流量分别相差 4.51 mm、15.38 mm、20.35 mm 和 28.14 mm;到了 60 min 时,其值变为 10.06 mm、27.57 mm、37.54 mm 和 49.79 mm,差距明显变大,表明降雨强度对降雨产流量的影响很大,产流量的大小和雨强有直接的关系。在本试验条件下,径流强度随降雨历时的变化可用负指数函数相关方程描述,相关系数均达到极显著水平($p<0.01$);累积径流量与降雨历时之间则具有较好的幂函数关系,相关系数达到极显著水平($p<0.01$)。

表 5-9 麦田不同降雨强度下径流强度、累积径流量与降雨历时关系

降雨强度/ (mm/min)	径流强度与降雨历时关系		累积径流量与降雨历时关系	
	回归方程	R^2	回归方程	R^2
1.00	$RFI = 2.767\,0\exp(-133.448\,0/t)$	0.941 7	$CRF = 0.000\,002t^{3.676\,8}$	0.988 0
1.33	$RFI = 1.265\,9\exp(-48.328\,1/t)$	0.902 1	$CRF = 0.000\,272t^{2.689\,4}$	0.989 4
1.67	$RFI = 1.338\,2\exp(-23.071\,8/t)$	0.936 8	$CRF = 0.019\,037t^{1.830\,1}$	0.995 2
2.00	$RFI = 1.721\,9\exp(-22.610\,7/t)$	0.934 3	$CRF = 0.016\,728t^{1.928\,4}$	0.994 0
2.33	$RFI = 1.894\,3\exp(-17.966\,7/t)$	0.962 4	$CRF = 0.045\,236t^{1.744\,3}$	0.996 0

注:回归方程中 RFI 为径流强度,mm/min;CRF 为累积径流量,mm;t 为降雨历时,min;下同。

在分析不同降雨强度下麦田产流变化趋势的基础上,将降雨强度及对应的径流强度和径流量进行了相关性分析。分析结果表明,麦田降雨历时 60 min 平均径流强度和累积径流量均随着降雨强度的增大而呈线性增加。径流强度、径流量与雨强之间的关系均可用线性方程进行描述,相关系数 $r>0.99$:

$$RFI = 0.619RI - 0.460 \quad (n = 5, R^2 = 0.993^{**}) \tag{5-11}$$

$$CRF = 38.12RI - 32.88 \quad (n = 5, R^2 = 0.992^{**}) \tag{5-12}$$

注意:**表示拟合回归方程极显著。

径流系数是指一次降雨过程中的总径流量与总降雨量的比值。麦田径流系数随雨强增大而呈增大的趋势,不同降雨强度对径流系数有显著影响。以最小降雨强度 1.00 mm/min 降雨历时 60 min 径流系数为基值,当降雨强度分别增大到 1.33 mm/min、1.67 mm/min、2.00 mm/min 和 2.33 mm/min 时,对应径流系数分别为基值径流系数的 2.09 倍、3.51 倍、3.81 倍和 4.20 倍,这表明降雨强度对径流系数具有极显著的正效应。

对麦田不同降雨强度与降雨历时 60 min 径流系数进行回归分析:

$$RC = 1.076\,1\exp(-2.203\,1/RI) \quad (n = 5, R^2 = 0.952\,1^{**}) \tag{5-13}$$

式中 RC——径流系数;

RI——降雨强度,mm/min。

经检验,两者呈负指数函数关系,方程达到显著性水平($p<0.05$)。这与李广等(2009)的试验结果相一致。

(二)冠层覆盖对麦田产流过程的影响

选取冬小麦返青后 LAI 不同的 5 个生育时期,同时对 1.33 mm/min 和 2.00 mm/min 两种降雨强度的产流过程做比较。每次试验前用小雨模拟降雨让土体充分湿润但尚未产流,以排除土壤初始含水量因素影响。

图 5-21 为两种降雨强度下冬小麦不同时期径流强度随降雨历时的变化过程。同一降雨强度下不同冠层覆盖度的产流过程相似,即径流强度先增大后趋于稳定,但产流时间及径流强度明显不同,产流时间随 LAI 增大而滞后;而径流强度则随 LAI 增大而减小,过程趋势线降低。其主要原因是:①在相同雨强情况下,LAI 较大时,受冠层拦截雨滴的影响,接近土壤表面雨滴的能量减少,进而减少了径流;②作物茎叶的存在使得土壤水力粗糙度增大,从而降低了雨水流速;③作物根部增长具有疏松土壤的作用,改善了土壤结构,提高了其渗透能力(Pan et al., 2006)。

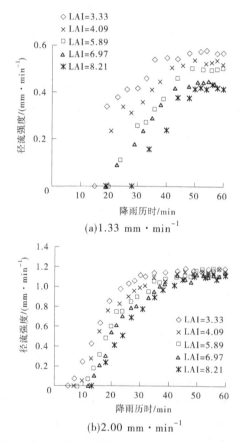

(a)1.33 mm · min^{-1}

(b)2.00 mm · min^{-1}

图 5-21　两种降雨强度下 LAI 对麦田径流强度的影响

图 5-22 给出了两种降雨强度下 LAI 对累积径流过程的影响。相同降雨强度下,径流主要受作物覆盖的影响。由于不同时期冬小麦叶面积覆盖程度不同,累积径流量也有所不同。不同 LAI 间累积径流量的差异随着降雨历时的延长而逐渐显著;同一覆盖度条件下,径流量都是随着雨强的增大而增大;而在相同雨强情况下,径流量随 LAI 增大而减小,表明较大的冠层覆盖度能更为有效地拦蓄径流。

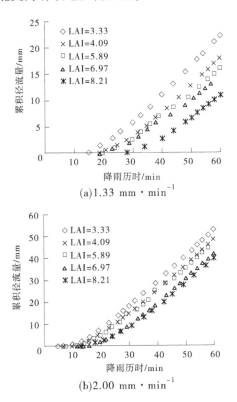

图 5-22 两种降雨强度下 LAI 对麦田累积径流过程的影响

表 5-10 分别给出了两种降雨强度下不同 LAI 的径流数据与降雨历时的相关性分析。分析结果表明,麦田径流强度与降雨历时关系可用负指数函数描述,且相关性较高($p <$ 0.01);麦田累积径流量与降雨历时呈极显著的幂函数关系($p < 0.01$),并呈现出随 LAI 的增大其增加速率逐渐减小的趋势,这主要是因为冬小麦前期冠层覆盖度较小,降雨失去冠层的缓冲,其径流强度大。

同一降雨强度下,平均径流强度和径流量均随 LAI 的增大而逐渐减小(见图 5-23)。RI = 1.33 mm/min 时径流强度减小的趋势与 RI = 2.00 mm/min 时相比更为明显,即 RI = 1.33 mm/min 的线性方程斜率较 RI = 2.00 mm/min 略大,表明在较小降雨强度下,冬小麦冠层覆盖调蓄产流过程效果较好,而当降雨强度较大时,冠层覆盖度对麦田产流过程的影响减弱。

表 5-10　麦田不同降雨强度和 LAI 条件下径流强度、累积径流量与降雨历时关系

降雨强度/ (mm/min)	LAI	径流强度与降雨历时关系		累积径流量与降雨历时关系	
		回归方程	R^2	回归方程	R^2
1.33	3.33	$RFI = 0.921\ 5\exp(-23.822\ 9/t)$	0.772 5	$CRF = 0.004\ 001t^{2.108\ 0}$	0.989 2
	4.09	$RFI = 0.929\ 2\exp(-28.564\ 7/t)$	0.852 9	$CRF = 0.002\ 224t^{2.221\ 8}$	0.991 0
	5.89	$RFI = 1.241\ 6\exp(-48.427\ 5/t)$	0.929 1	$CRF = 0.001\ 884t^{2.224\ 3}$	0.986 6
	6.97	$RFI = 1.158\ 7\exp(-50.936\ 5/t)$	0.924 9	$CRF = 0.001\ 168t^{2.309\ 4}$	0.987 8
	8.21	$RFI = 1.800\ 6\exp(-79.335\ 0/t)$	0.860 8	$CRF = 0.000\ 017t^{3.284\ 3}$	0.984 1
2.00	3.33	$RFI = 1.610\ 2\exp(-14.355\ 5/t)$	0.949 1	$CRF = 0.072\ 892t^{1.616\ 2}$	0.995 6
	4.09	$RFI = 1.688\ 6\exp(-18.302\ 2/t)$	0.941 9	$CRF = 0.035\ 048t^{1.774\ 1}$	0.994 8
	5.89	$RFI = 1.854\ 0\exp(-23.660\ 3/t)$	0.944 8	$CRF = 0.013\ 365t^{1.992\ 6}$	0.993 2
	6.97	$RFI = 1.942\ 2\exp(-27.531\ 8/t)$	0.932 4	$CRF = 0.007\ 349t^{2.123\ 8}$	0.991 6
	8.21	$RFI = 2.101\ 6\exp(-32.884\ 6/t)$	0.946 9	$CRF = 0.006\ 120t^{2.154\ 0}$	0.993 4

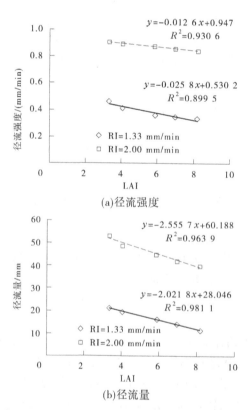

图 5-23　麦田降雨历时 60 min 平均径流强度、径流量与 LAI 的关系

雨强和冠层覆盖度对径流系数的影响不同。相同雨强下,径流系数与植被覆盖度呈显著负相关关系,两者的拟合关系式为

$$RI = 1.33 \text{ mm/min}, RC = -0.032LAI + 0.303 \quad (n = 5, R^2 = 0.992^{**}) \quad (5\text{-}14)$$

$$RI = 2.00 \text{ mm/min}, RC = -0.027LAI + 0.462 \quad (n = 5, R^2 = 0.978^{**}) \quad (5\text{-}15)$$

LAI 愈大,产生的径流量占降雨量的比值愈小,这表明随着冬小麦生育进程的推近,径流系数呈逐渐减小趋势。这是因为冬小麦生育后期,冠层具有较高的降雨截留能力,冠层覆盖度较高,具有较好的拦蓄地表径流的能力,因此次降雨条件下地表产流量较小,径流系数值也较低。相同冠层覆盖度条件下,径流系数与雨强呈显著正相关关系($p <$ 0.01)。降雨强度对径流系数的影响程度明显大于冠层覆盖度。在降雨强度较大时,不同 LAI 间径流系数的差异变小。

(三)土壤初始含水量对麦田产流过程的影响

土壤初始含水量是影响降雨产流的重要因素之一。图 5-24 给出了不同初始土壤含水量对麦田产流过程的影响。同一降雨强度下,初始土壤含水量越大,产流时间越早;初始土壤含水量越小,产流时间越迟。同一冠层覆盖度条件下,RI = 2.00 mm/min 的产流时间早于 RI = 1.33 mm/min 的产流时间。在土壤初始含水量较低时,降雨强度对麦田降雨产流时间的影响尤为明显。土壤初始含水量愈高,同一时间内的非稳定径流强度愈大,达

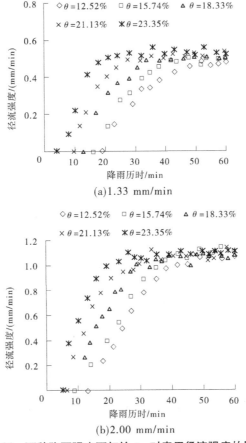

(a)1.33 mm/min

(b)2.00 mm/min

图 5-24　两种降雨强度下初始 θ_{40} 对麦田径流强度的影响

到稳定径流强度的时间愈早。从图 5-24 中还可以看出,不同土壤初始含水量条件下,麦田径流强度趋于稳定时比较接近,RI = 1.33 mm/min 时稳定径流强度为 0.48 ~ 0.53 mm/min,RI = 2.00 mm/min 的稳定径流强度为 1.04 ~ 1.08 mm/min,这主要是因为随降雨历时的延长,各处理的土壤水分逐渐趋于饱和,此时土壤入渗趋于稳定;试验选取的土壤是一致的,因此稳定入渗率相同,麦田产流归根结底是降雨强度与入渗率之差(王占礼等,2005),在降雨强度和土壤质地相同的条件下,径流强度基本一致,相差不明显。

图 5-25 给出了不同初始土壤含水量对麦田累积径流量的影响。同一雨强条件下,土壤初始含水量越大,起涨时间越早,过程线越陡;土壤初始含水量越小,起涨时间越迟,过程线越缓,且土壤初始含水量越大,累积径流量也越大。RI = 1.33 mm/min 时,降雨历时 60 min,以 θ_{40} = 12.52% 时径流量为参照,其他 4 种土壤初始含水量从小到大的累积径流量分别增加 15.09%、34.12%、47.07% 和 70.67%;RI = 2.00 mm/min 时,降雨历时 60 min,同样以 θ_{40} = 12.52% 时径流量为参照,其他 4 种土壤初始含水量从小到大的累积径流量分别增加 12.30%、18.66%、28.34% 和 39.94%。

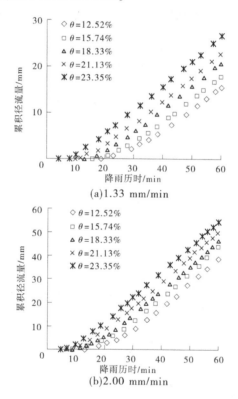

图 5-25　两种降雨强度下初始 θ_{40} 对麦田累积径流量的影响

表 5-11 分别给出了两种降雨强度下不同 θ_{40} 的径流数据与降雨历时的相关性分析。分析结果表明,麦田径流强度与降雨历时关系可用负指数函数描述,且相关性较高($p < 0.01$);麦田累积径流量与降雨历时则呈明显的幂函数关系($p < 0.01$)。

表 5-11 麦田不同降雨强度和 θ_{40} 条件下径流强度、累积径流量与降雨历时关系

降雨强度 (mm/min)	θ_{40}/%	径流强度与降雨历时关系		累积径流量与降雨历时关系	
		回归方程	R^2	回归方程	R^2
1.33	12.52	RFI = 1.047 2exp(−41.769 4/t)	0.905 9	CRF = 0.000 579$t^{2.499\,0}$	0.990 8
	15.74	RFI = 0.957 1exp(−32.669 0/t)	0.877 0	CRF = 0.002 224$t^{2.221\,8}$	0.988 8
	18.33	RFI = 0.802 3exp(−21.383 6/t)	0.855 1	CRF = 0.009 065$t^{1.8983}$	0.990 8
	21.13	RFI = 0.756 1exp(−16.341 1/t)	0.868 4	CRF = 0.020 060$t^{1.727\,3}$	0.991 8
	23.35	RFI = 0.683 4exp(−9.556 1/t)	0.894 5	CRF = 0.071 301$t^{1.452\,3}$	0.994 0
2.00	12.52	RFI = 2.095 5exp(−33.667 3/t)	0.941 9	CRF = 0.005 568$t^{2.172\,8}$	0.992 8
	15.74	RFI = 1.936 1exp(−27.098 3/t)	0.961 0	CRF = 0.016 922$t^{1.927\,6}$	0.995 6
	18.33	RFI = 1.562 4exp(−17.080 8/t)	0.930 6	CRF = 0.034 503$t^{1.768\,2}$	0.994 0
	21.13	RFI = 1.445 6exp(−12.633 2/t)	0.923 7	CRF = 0.081 376$t^{1.575\,5}$	0.995 2
	23.35	RFI = 1.348 5exp(−8.395 8/t)	0.916 8	CRF = 0.179 331$t^{1.402\,3}$	0.996 0

同一降雨强度下，平均径流强度和径流量均随初始土壤含水量的增加而增大，且 RI = 2.00 mm/min 时径流强度和径流量增加的趋势与 RI = 1.33 mm/min 时的相比更为明显，表明在较大的降雨强度下，不同初始土壤含水量的径流强度和径流量差别相对较大，体现出土壤水分的差异对径流过程产生的影响（见图 5-26）。

土壤含水量和雨强对径流系数均有一定影响；相同雨强下，径流系数与初始土壤含水量呈显著线性正相关，两者的拟合关系式为

$$RI = 1.33 \text{ mm/min}, RC = 0.035\theta_{40} + 0.211 \quad (n = 5, R^2 = 0.993^{**}) \quad (5\text{-}16)$$
$$RI = 2.00 \text{ mm/min}, RC = 0.045\theta_{40} + 0.329 \quad (n = 5, R^2 = 0.994^{**}) \quad (5\text{-}17)$$

由式（5-16）、式（5-17）可知，两种降雨强度下斜率较小，表明径流系数随初始土壤含水量增加的变化幅度较小。相同初始土壤含水量条件下，径流系数与降雨强度呈显著正相关。5 种土壤水分条件下，RI = 2.00 mm/min 时麦田的平均径流系数明显大于 RI = 1.33 mm/min 的，前者的降雨径流系数是后者的 1.51 倍。

（四）多因素影响下的麦田产流特征模型

由以上分析可知，在本试验的特定条件下，径流强度 RFI 随降雨历时 t 的变化关系均可用负指数函数描述，且相关系数较高。因此，RFI 随时间 t 的变化关系方程为

$$RFI = a \cdot \exp(-b/t) \quad (5\text{-}18)$$

式中 a、b——方程拟合参数，其大小均与 RI、LAI 和土壤初始含水量有一定关系。

对降雨产流实测数据运用方差分析结合多元回归统计分析，建立了多因素共同影响下 a 和 b 值的回归模型：

$$a = 6.709 \, 1RI^{0.770\,3}LAI^{0.158\,5}\theta_{40}^{-0.786\,9} \quad (n = 25, R^2 = 0.468\,8^{**}) \quad (5\text{-}19)$$

$$b = \frac{1}{0.192\,13 - 0.071\,93RI^{-1} + 0.047\,34LAI^{-1} - 1.763\,8\theta_{40}^{-0.786\,9}} \quad (n = 25, R^2 = 0.777\,9^{**})$$

$$(5\text{-}20)$$

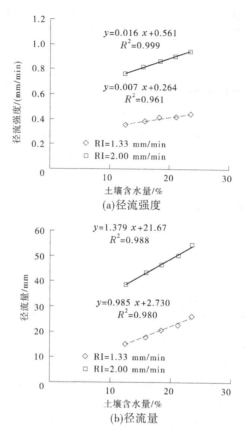

图 5-26　麦田降雨历时 60 min 平均径流强度、径流量与 θ_{40} 的关系

此外,各因素影响下累积径流量随时间变化具有较好的幂函数关系:

$$CRF = ct^d \tag{5-21}$$

式中　c、d——方程拟合参数,各参数的变化趋势同样受 RI、LAI 和 θ_{40} 的影响,对各参数进行进一步回归统计分析,得到式(5-22)、式(5-23)所示定量关系。

$$c = (-1.014\,43 + 0.407\,8RI^{\frac{1}{2}} - 0.037\,88LAI^{\frac{1}{2}} + 0.174\,3\theta_{40}^{\frac{1}{2}})^2 \quad (n = 25, R^2 = 0.822\,6^{**}) \tag{5-22}$$

$$d = \frac{1}{1.080\,62 - 0.399\,9RI^{-1} + 0.210\,3LAI^{-1} - 5.907\,4\theta_{40}^{-1}} \quad (n = 25, R^2 = 0.792\,6^{**}) \tag{5-23}$$

最后,综合考虑各影响因素,对麦田径流系数进行相关分析,其随 RI、LAI 和 θ_{40} 变化的定量关系可写为

$$RC = -0.191\,88 + 0.228\,2RI - 0.007\,85LAI + 0.009\,231\theta_{40} \quad (n = 25, R^2 = 0.900\,1^{**}) \tag{5-24}$$

经 t 检验,方程中各参数按 $\alpha = 0.05$ 水平,均有显著性意义,说明方程的线性回归较好(见表 5-12)。

表 5-12　麦田径流系数线性模型参数方差分析

变量	回归系数	标准回归系数	偏相关	标准误	t 值	p 值
常数	−0.191 9	—	—	0.054 4	3.524 3	0.002 0
RI	0.228 2	0.870 4	0.940 0	0.018 1	12.622 3	0
LAI	−0.007 9	−0.145 4	−0.393 3	0.004 0	1.960 2	0.063 4
θ_{40}	0.009 2	0.299 1	0.660 5	0.002 3	4.031 5	0.000 6

　　在相关分析与回归分析的基础上,对试验资料做进一步的通径分析,以揭示各个因素对径流系数的相对重要性。通径分析结果表明,麦田径流系数各影响因素权重顺序为: RI>θ_{40}>LAI,即在特定条件下,降雨强度对麦田径流系数起着决定性作用,冠层覆盖影响最弱(见表 5-13)。

表 5-13　通径分析结果

变量	直接系数	通过 RI	通过 LAI	通过 θ_{40}
RI	0.870 4	—	0.000 1	−0.000 1
LAI	−0.145 4	−0.000 3	—	−0.110 4
θ_{40}	0.299 1	−0.000 4	0.053 7	—

三、麦田降雨入渗特征影响因素及其计算模型

(一) 降雨强度对麦田入渗过程的影响

　　在冬小麦拔节期前,分别就降雨强度 0.67 mm/min、1.00 mm/min、1.33 mm/min、1.67 mm/min、2.00 mm/min 和 2.33 mm/min 的径流量随降雨历时变化过程进行了分析。该模拟试验在冬小麦拔节期前进行,试验期间作物冠层覆盖变化不大,每次试验前用小雨模拟降雨让土体充分湿润但尚未产流,以排除初始土壤含水量因素影响,即土壤水分条件基本一致。

　　由图 5-27 可以看出,5 种降雨强度降雨入渗过程基本一致,即随降雨历时的延长,入渗率随降雨过程的进行而逐渐降低,最后趋于稳定;累积入渗量则随降雨进程而逐渐增加。但相同时刻,高强度降雨的入渗率、累积入渗量明显高于其他降雨强度下的入渗率和累积入渗量。降雨强度小时(RI=1.00 mm/min),入渗率和入渗量较小,此时麦田平均入渗率仅为 0.89 mm/min,累积入渗量为 53.22 mm;降雨强度大时(RI=2.33 mm/min),麦田平均入渗率和累积入渗量分别达到 1.39 mm/min 和 82.58 mm。

　　另外,入渗率趋于稳定的时间随雨强增大而明显提前。稳定入渗率的值在降雨过程中并不稳定,存在一定的波动,特别是降雨强度愈大,波动愈剧烈。1.00 mm/min 降雨强度下,平均入渗率在降雨后约 56 min 左右开始趋于稳定,稳定入渗率在 0.68~0.75 mm/min 变化; 1.33 mm/min 降雨强度下,平均入渗率在降雨约 40 min 后开始趋于稳定,稳定入渗率在 0.82~0.87 mm/min 变化;1.67 mm/min 降雨强度下,平均入渗率在降雨约 36 min 后开始趋于稳定,稳定入渗率在 0.82~0.86 mm/min 变化;2.00 mm/min 降雨强度下,平均入渗

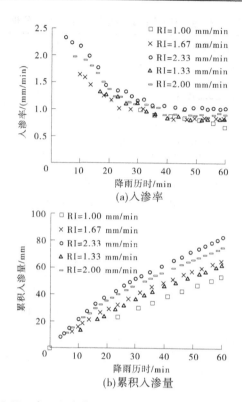

(a)入渗率

(b)累积入渗量

图 5-27　麦田入渗率、累积入渗量随降雨历时变化过程

率在降雨约 29 min 后开始趋于稳定,稳定入渗率在 0.97~1.09 mm/min 变化;当降雨强度为 2.33 mm/min 时,平均入渗率在降雨后 28 min 即开始趋于稳定,其值为 1.12~1.24 mm/min。

　　在试验的 5 个雨强下,对不同降雨强度下入渗率及入渗量随降雨历时的变化关系做函数拟合,由表 5-14 可知,入渗率随降雨历时的变化服从幂函数规律;而累积入渗量随降雨历时则呈对数函数变化,回归方程相关系数均达到显著水平($p<0.01$)。

表 5-14　麦田不同降雨强度下入渗率、累积入渗量与降雨历时关系

降雨强度/	入渗率与降雨历时关系		累积入渗量与降雨历时关系	
(mm/min)	回归方程	R^2	回归方程	R^2
1.00	$IF = 5.1541t^{-0.4810}$	0.9277	$W = 35.52\ln t - 92.75$	0.9950
1.33	$IF = 4.6733t^{-0.4393}$	0.9448	$W = 32.62\ln t - 72.81$	0.9910
1.67	$IF = 4.6089t^{-0.4452}$	0.9727	$W = 27.99\ln t - 53.08$	0.9760
2.00	$IF = 5.7046t^{-0.4712}$	0.9479	$W = 31.08\ln t - 56.16$	0.9800
2.33	$IF = 4.7599t^{-0.3911}$	0.9427	$W = 30.12\ln t - 47.16$	0.9630

注:回归方程中 IF 为入渗率,mm/min;W 为累积入渗量,mm;t 为降雨历时(min);下同。

　　麦田平均入渗率是指一次降雨过程中(包括产流前)单位时间降雨的入渗量。在相同土壤剖面含水状态下和降雨历时相同条件下,进一步分析降雨平均入渗率和稳定入渗率与降雨强度的变化规律及其相关关系。由图 5-28 可以看出,麦田降雨历时 60 min 平均入渗率及稳定入渗率均随着降雨强度的增大而呈直线增加,且二者之间的相关性很好。这说明降雨强度增大对水分入渗有一定的促进作用,这是由于稳定入渗水流的主要通道是土壤中较大的非毛管孔隙和部分毛管孔隙,当降雨强度增大时,雨滴动能随之增大,坡面水深增加,地表水层的压力和雨滴打击对入渗水体产生的挤压力都相应增大。尤其是雨滴打击所产生的挤压力不仅可以加速入渗水流的运动速度,也可以使部分静止的毛管水加入入渗水流中,因此降雨强度的增大可以起到增加土壤入渗的作用(耿晓东等,2009)。

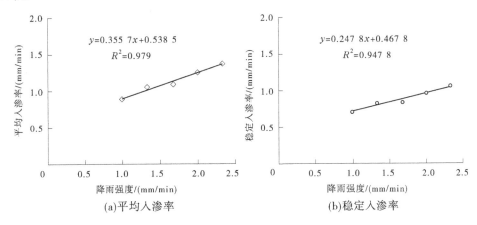

图 5-28　麦田降雨历时 60 min 平均入渗率、稳定入渗率与降雨强度的关系

在分析不同降雨强度下麦田入渗率变化趋势的基础上,将降雨强度及对应的累积入渗量进行了相关性分析。分析结果表明,麦田降雨历时 60 min 累积入渗量均随着降雨强度的增大而呈线性增加。累积入渗量与雨强之间的关系可用线性方程进行描述:

$$W = 21.34RI + 32.30 \quad (n = 5, R^2 = 0.979^{**}) \tag{5-25}$$

降雨蓄积系数为一次降雨过程中的总土壤蓄积量与总降雨量的比值。忽略植被截留和雨期蒸发,模拟降雨在短历时和微型小区上进行蓄积量的测定,结果表明,降雨强度越大,降雨蓄积系数越小,降雨蓄积量越少。降雨强度从小到大对应的降雨蓄积系数分别为 0.89、0.79、0.65、0.63 和 0.59。对麦田不同降雨强度与降雨历时 60 min 降雨蓄积系数进行回归分析:

$$RSE = 0.8884RI^{-0.5075} \quad (n = 5, R^2 = 0.9765^{**}) \tag{5-26}$$

式中　RSE——降雨蓄积系数。

由以上分析可知,降雨强度对降雨蓄积系数有一定影响,并存在显著差异,雨强越大,降雨产生径流量越大、蓄积量越小。这是由于雨强增大使雨滴动能增大,降雨对地面的打击力增强,雨滴打击表土形成结皮的能力也增强,同时溅散的土壤颗粒堵塞土壤孔隙,阻滞降雨的入渗,这两者都使降雨入渗作用减弱(王占礼等,2005)。

（二）覆盖度对麦田入渗特征的影响

图 5-29 是雨强分别为 1.33 mm/min 和 2.00 mm/min 时不同 LAI 的 5 个生育期降雨入渗的变化规律。整体上，麦田入渗率均随着降雨历时的增加逐渐降低，最后趋于平稳。在同一个雨强下，冬小麦随着 LAI 的增大，麦田入渗率有所增大，主要原因是麦田入渗率的变化受到了植株冠层覆盖条件的影响，RI = 1.33 mm/min 时，不同 LAI 平均入渗率变化在 0.91～1.16 mm/min；RI = 2.00 mm/min 时，不同 LAI 入渗率变化在 1.09～1.29 mm/min，表明各时期雨强增大时，入渗率略有增大。另外，入渗率趋于稳定的时间均随 LAI 增大而滞后，并且稳定入渗率的值在降雨过程中并不稳定，有一定波动。1.33 mm/min 雨强下，当 LAI = 3.33 时，平均入渗率在降雨后约 36 min 左右开始趋于稳定，稳定入渗率在 0.74～0.78 mm/min 变化；而当 LAI = 8.21 时，平均入渗率在降雨约 44 min 后开始趋于稳定，稳定入渗率在 0.89～0.94 mm/min 变化。2.00 mm/min 雨强下，当 LAI = 3.33 时，平均入渗率在降雨约 30 min 后开始趋于稳定，稳定入渗率在 0.80～0.88 mm/min 变化；而当 LAI = 8.21 时，平均入渗率在降雨后 35 min 开始趋于稳定，其值为 0.87～1.01 mm/min。

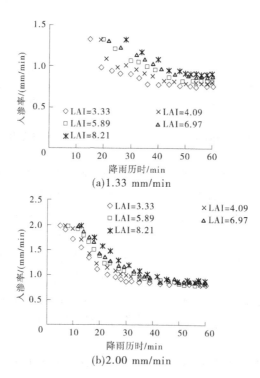

(a)1.33 mm/min

(b)2.00 mm/min

图 5-29　1.33 mm/min 和 2.00 mm/min 降雨强度下不同 LAI 麦田入渗率随降雨历时变化过程

从图 5-30 可以看出，两种降雨强度下，降雨累积入渗量也是随着冬小麦 LAI 的增大而增大。RI = 1.33 mm/min 时，不同 LAI 降雨历时 60 min 累积入渗量变化在 54.41～69.55 mm；RI = 2.00 mm/min 时，不同 LAI 降雨历时 60 min 累积入渗量变化在 65.43～77.25 mm。

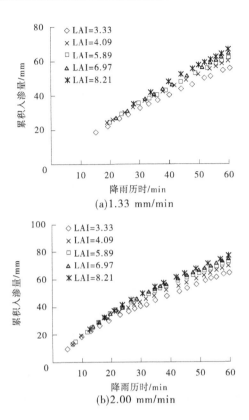

(a)1.33 mm/min

(b)2.00 mm/min

图 5-30　1.33 mm/min 和 2.00 mm/min 降雨强度下不同 LAI 麦田累积入渗量随降雨历时变化过程

由表 5-15 可知,在两个雨强下,不同 LAI 的入渗率随降雨历时的变化可用幂函数方程描述,且相关系数均达到显著水平($p<0.01$);累积入渗量与降雨历时之间则具有较好的对数函数关系($p<0.01$)。

表 5-15　麦田不同降雨强度和 LAI 条件下入渗率、累积入渗量与降雨历时关系

降雨强度/ (mm/min)	LAI	入渗率与降雨历时关系		累积入渗量与降雨历时关系	
		回归方程	R^2	回归方程	R^2
1.33	3.33	$IF = 3.320\,0t^{-0.383\,0}$	0.853 5	$W = 27.37\ln t - 58.35$	0.980 0
	4.09	$IF = 3.972\,0t^{-0.409\,0}$	0.884 2	$W = 31.83\ln t - 71.61$	0.990 0
	5.89	$IF = 5.357\,2t^{-0.470\,1}$	0.979 2	$W = 34.32\ln t - 80.32$	0.984 0
	6.97	$IF = 5.171\,3t^{-0.442\,8}$	0.976 0	$W = 37.68\ln t - 91.29$	0.988 0
	8.21	$IF = 8.250\,2t^{-0.554\,8}$	0.942 4	$W = 42.26\ln t - 103.3$	0.996 0

降雨强度/(mm/min)	LAI	入渗率与降雨历时关系		累积入渗量与降雨历时关系	
		回归方程	R^2	回归方程	R^2
2.00	3.33	$IF = 4.216\,6t^{-0.428\,8}$	0.950 5	$W = 27.37\ln t - 35.55$	0.961 0
	4.09	$IF = 4.340\,8t^{-0.417\,0}$	0.937 0	$W = 25.35\ln t - 39.26$	0.967 0
	5.89	$IF = 6.335\,5t^{-0.512\,6}$	0.952 0	$W = 30.10\ln t - 53.77$	0.984 0
	6.97	$IF = 8.721\,0t^{-0.591\,1}$	0.976 0	$W = 33.25\ln t - 63.40$	0.991 0
	8.21	$IF = 9.531\,1t^{-0.601\,2}$	0.980 2	$W = 35.39\ln t - 70.20$	0.991 0

由图 5-31 可以看出,相同 LAI 条件下,降雨强度越大,其平均入渗率和稳定入渗率也越大。同一降雨强度下,平均入渗率和稳定入渗率均随 LAI 的增大而逐渐增大,但 RI = 1.33 mm/min 时入渗率增大的趋势与 RI = 2.00 mm/min 时入渗率增大的趋势相比更为明显,1.33 mm/min 雨强下,与 LAI = 3.33 时的平均入渗率和稳定入渗率相比较,其他 LAI 由小到大(4.09~8.21)的平均入渗率分别增加 11.21%、13.99%、20.59% 和 27.82%,稳定入渗率则分别增加 5.28%、9.24%、18.14% 和 20.38%;2.00 mm/min 雨强下,与 LAI = 3.33 时的平均入渗率和稳定入渗率相比较,其他 LAI 由小到大(4.09~8.21)的平均入渗率分别增加 6.50%、11.56%、15.44% 和 18.07%,稳定入渗率则分别增加 1.72%、2.86%、11.56% 和 14.51%;这表明随着 LAI 的增大,平均入渗率和稳定入渗率增大的辐度变小,冠层覆盖度对麦田入渗过程的影响减弱。

随着植被覆盖度的增大,降雨入渗量显著增大,而当降雨强度增大时,累积入渗量增加的辐度变小(罗伟祥等,1990)。将 LAI 及对应的累积入渗量进行了相关性分析。分析结果表明,麦田降雨历时 60 min 累积入渗量均随着 LAI 的增大而呈线性增加,两者拟合关系方程为

$$RI = 1.33 \text{ mm/min}, W = 2.719\text{LAI} + 46.93 \quad (n = 5, R^2 = 0.926^{**}) \qquad (5\text{-}27)$$
$$RI = 2.00 \text{ mm/min}, W = 2.299\text{LAI} + 59.06 \quad (n = 5, R^2 = 0.955^{**}) \qquad (5\text{-}28)$$

雨强和冠层覆盖度对降雨蓄积系数的影响不同。相同雨强下,降雨蓄积系数与 LAI 呈显著正相关关系($p < 0.01$),两者关系可用线性函数描述:

$$RI = 1.33 \text{ mm/min}, RSE = 0.030\text{LAI} + 0.683 \quad (n = 5, R^2 = 0.974^{**}) \qquad (5\text{-}29)$$
$$RI = 2.00 \text{ mm/min}, RSE = 0.024\text{LAI} + 0.527 \quad (n = 5, R^2 = 0.972^{**}) \qquad (5\text{-}30)$$

由此可见,LAI 愈大,产生的入渗量占降雨量的比值愈大,这是由于冬小麦生长前期,LAI 较小,失去冠层的缓冲,地表土壤受到雨滴的直接溅蚀,透水通道被封堵,造成表土"板结",削弱了土壤入渗能力,因而降雨蓄积系数较小;冬小麦拔节后期降雨蓄积系数增大,这是因为冬小麦后期 LAI 增大,冠层具有较高的降雨截持能力,有较好的拦蓄地表径流的能力,因此次降雨条件下地表产流量较小,相应入渗量增大,降雨蓄积系数较高。相同 LAI 条件下,降雨蓄积系数与雨强呈显著正相关关系($P < 0.01$)。降雨强度对降雨蓄积系数的影响程度明显大于冠层覆盖度的。降雨强度较大时,不同 LAI 间降雨蓄积系数的差异变小。

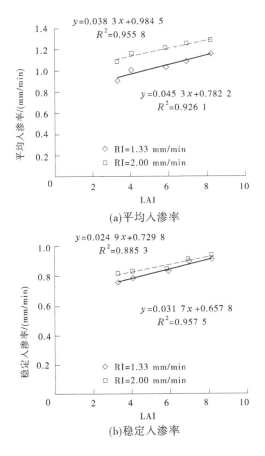

$$y=0.038\ 3x+0.984\ 5$$
$$R^2=0.955\ 8$$

$$y=0.045\ 3x+0.782\ 2$$
$$R^2=0.926\ 1$$

◇ RI=1.33 mm/min
□ RI=2.00 mm/min

(a)平均入渗率

$$y=0.024\ 9x+0.729\ 8$$
$$R^2=0.885\ 3$$

$$y=0.031\ 7x+0.657\ 8$$
$$R^2=0.957\ 5$$

◇ RI=1.33 mm/min
□ RI=2.00 mm/min

(b)稳定入渗率

图 5-31　麦田降雨历时 60 min 平均入渗率、稳定入渗率与 LAI 的关系

(三) 土壤初始含水量对麦田入渗特征的影响

图 5-32 是不同土壤含水量情况下的土壤入渗过程线,可以看到,随着土壤初始含水量的增大,同一时间内非稳渗阶段的入渗速率迅速降低,趋于稳定入渗速率的时间缩短。1.33 mm/min 雨强下,当 $\theta_{40}=12.52\%$ 时,平均入渗率在降雨后约 48 min 开始趋于稳定,其他土壤初始含水量处理,即 $\theta_{40}=15.74\%$、18.33%、21.13% 和 23.35%,比低土壤初始含水量处理($\theta_{40}=12.52\%$)入渗率达到稳定值的时间分别提前了 6 min、14 min、20 min 和 30 min;2.00 mm/min 雨强下,当 $\theta_{40}=12.52\%$ 时,平均入渗率在降雨后约 42 min 开始趋于稳定,其他土壤初始含水量处理,即 $\theta_{40}=15.74\%$、18.33%、21.13% 和 23.35%,比低土壤初始含水量处理($\theta_{40}=12.52\%$)入渗率达到稳定值的时间分别提前了 11 min、15 min、21 min 和 26 min。另外,同一雨强,不同土壤初始含水量稳定入渗率基本一致。

从图 5-33 可以看出,两种雨强下,冬小麦降雨累积入渗量随着土壤初始含水量的增大而减小。RI=1.33mm/min 时,不同土壤初始含水量降雨历时 60 min 累积入渗量变化为 52.42~63.37 mm;RI=2.00mm/min 时,不同土壤初始含水量降雨历时 60 min 累积入渗量变化为 63.22~78.66 mm。

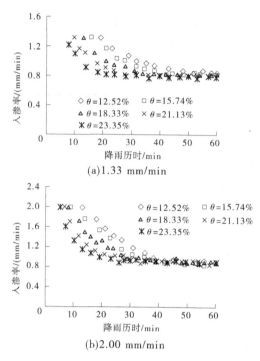

图 5-32 1.33 mm/min 和 2.00 mm/min 降雨强度下不同 θ_{40} 麦田入渗率随降雨历时变化过程

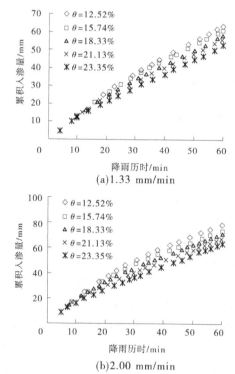

图 5-33 1.33 mm/min 和 2.00 mm/min 降雨强度下不同 θ_{40} 麦田累积入渗量随降雨历时变化过程

　　试验表明,土壤平均入渗率与土壤初始含水量呈负相关线性关系(见图5-34)。随着土壤初始含水量的增加,稳定入渗率变化不明显,基本稳定在一定范围内,这表明相同降雨强度下,土壤初始含水量对稳定入渗率无显著影响。受雨强影响,RI = 2.00 mm/min 的平均稳定入渗率(0.90 mm/min)略大于 RI = 1.33 mm/min 的值(0.83 mm/min)。

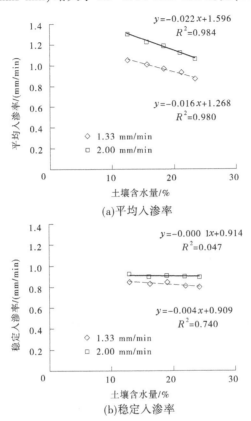

(a)平均入渗率

(b)稳定入渗率

图 5-34　麦田降雨历时 60 min 平均入渗率、稳定入渗率与土壤初始含水量的关系

　　随着土壤初始含水量的增加,降雨入渗量显著降低,而当降雨强度增大时,累积入渗量减少的幅度变大。将 θ_{40} 及对应的累积入渗量进行了相关性分析。分析结果表明,麦田降雨历时 60 min 累积入渗量均随着 θ_{40} 的增大而呈线性减少,两者拟合关系方程为

$$\text{RI} = 1.33 \text{ mm/min}, W = -0.985\theta_{40} + 76.13 \quad (n = 5, R^2 = 0.980^{**}) \quad (5\text{-}31)$$

$$\text{RI} = 2.00 \text{ mm/min}, W = -1.362\theta_{40} + 95.80 \quad (n = 5, R^2 = 0.984^{**}) \quad (5\text{-}32)$$

　　不同土壤初始含水量对降雨蓄积系数也有一定影响。相同降雨强度下,降雨蓄积系数与初始土壤含水量呈显著线性负相关,两者的拟合关系式为

$$\text{RI} = 1.33 \text{ mm/min}, \text{RSC} = -0.012\,3\theta_{40} + 0.951\,7 \quad (n = 5, R^2 = 0.980\,3^{**})$$
$$(5\text{-}33)$$

$$\text{RI} = 2.00 \text{ mm/min}, \text{RSC} = -0.011\,4\theta_{40} + 0.798\,4 \quad (n = 5, R^2 = 0.984\,5^{**})$$
$$(5\text{-}34)$$

　　同样,由方程系数可以看出,两种降雨强度下,降雨蓄积系数受土壤含水量的影响较

弱,不同初始土壤含水量处理间差异较小。5 种土壤水分条件下,RI = 1.33 mm/min 时麦田的平均降雨蓄积系数是 RI = 2.00 mm/min 的 1.23 倍。

(四)多因素影响下麦田降雨入渗特征模型

由以上分析可知,在本试验的特定条件下,入渗率 IF 随降雨历时 t 的变化关系均可用幂函数描述,且相关系数较高,其数学表达式为

$$IF = at^{-b} \tag{5-35}$$

式中　a、b——方程拟合参数,其大小均与 RI、LAI 和土壤初始含水量有一定关系。

对降雨实测数据运用方差分析结合多元回归统计分析,建立了多因素共同影响下 a 和 b 值的回归模型:

$$a = 55.5554RI^{0.6558}LAI^{0.4263}\theta_{40}^{-1.2248} \quad (n = 25, R^2 = 0.7341^{**}) \tag{5-36}$$

$$b = (0.7739 + 0.1575RI^{\frac{1}{2}} - 0.06512LAI^{\frac{1}{2}} + 0.1131\theta_{40}^{\frac{1}{2}})^2 \quad (n = 25, R^2 = 0.7241^{**}) \tag{5-37}$$

此外,各因素影响下累积入渗量随时间变化具有较好的对数函数关系:

$$W = c\ln t - d \tag{5-38}$$

式中　c、d——方程拟合参数,各参数的变化趋势同样受 RI、LAI 和 θ_{40} 的影响。

对各参数进行进一步回归统计分析,得到如式(5-39)、式(5-40)所示定量关系。

$$c = 44.0210 - 2.9049RI + 1.1795LAI - 0.8497\theta_{40} \quad (n = 25, R^2 = 0.7188^{**}) \tag{5-39}$$

$$d = 128.8215 - 28.6696RI + 3.9019LAI - 2.2458\theta_{40} \quad (n = 25, R^2 = 0.7606^{**}) \tag{5-40}$$

最后,综合考虑各影响因素,对麦田降雨蓄积系数进行相关分析,其随 RI、LAI 和 θ_{40} 变化的定量关系可写为

$$RSC = 1.5754RI^{-0.5437}LAI^{0.0430}\theta_{40}^{-0.2339} \quad (n = 25, R^2 = 0.9144^{**}) \tag{5-41}$$

经 t 检验,方程中各参数按 $\alpha = 0.05$ 水平,均有显著性意义,说明方程的线性回归较好。在相关分析与回归分析的基础上,对试验资料做进一步的通径分析,以揭示各个因素对降雨蓄积系数的相对重要性。通径分析结果表明,麦田降雨蓄积系数各影响因素权重顺序(直接系数绝对值大小)为:RI(0.8838) > θ_{40}(0.2976) > LAI(0.1145),即在特定条件下,降雨强度对麦田降雨蓄积系数起着决定性作用,冠层覆盖影响最弱。

第三节　麦田雨后蒸发、土壤水分再分布及其模拟

土壤水分的散失与补给主要受制于蒸发和降水两个过程,土壤蒸发与降水入渗是土壤水分循环的两个基本环节(Berndtsson et al., 1994, 1996; Adel et al., 2006)。土壤蒸发是降水的无效损失,其大小直接决定着降水转化为有效土壤水的效率,从而间接决定了植物可利用水分的多寡(张志山等,2005)。因此,研究农业生态系统中不同降雨条件下作物农田蒸散,对准确估算雨后麦田土壤水分动态、制定合理的灌溉制度及减少非生产性水分消耗具有重要意义。由于冬小麦棵间蒸发受到灌溉方法和灌溉制度的影响显著,目

前,此领域在灌溉条件下研究较多且结果较统一(刘钰等,1999;孙宏勇等,2004;樊引琴等,2000),而在降雨条件下研究较少。为此,本书研究了广利灌区麦田不同降雨条件下冬小麦棵间土壤蒸发,以期为麦田降雨有效利用提供理论依据。

表土蒸发的测定和计算方法主要包括直接测定方法和间接计算方法。直接测定方法多采用蒸发器或小型蒸渗仪的方法(Daamen et al.,1993;Plauborg,1995;刘钰等,1999),该方法最接近土面蒸发的实际情况,但是需要频繁换土,而且操作烦琐。间接计算方法中,实际土面蒸发量由潜在土面蒸发量与叶面积指数及土壤湿润程度共同决定,其估算结果的准确度不仅取决于蒸散量的准确度,而且取决于潜在土面蒸发和实际土面蒸发的估算模型。用小型蒸渗仪能够直接测定潜在土面蒸发,能够提高实际土面蒸发的估算精度(吕国华等,2009)。因此,本书在冬小麦棵间蒸发的研究方法中,采用了自制的小型蒸渗仪。

土壤水分再分布是土壤环境与地表环境和大气环境共同作用产生的现象。水分再分布理论多应用于农业生产中,其对农作物的生长有重要影响,并对提高灌溉质量和效果、提高雨水利用率、满足不同层次植物根系对土壤水分的需求有重要意义(包含等,2011)。降雨入渗过程随着降雨停止的同时也就结束了,但是水分在土壤中的运动并没有因此而停止,而是发生着很复杂的再分配过程。一方面是土壤含水量因土壤蒸发和作物蒸腾的作用而减少,另一方面是一部分水分由于上下土壤层水势差异而继续补给下层土壤水分(刘新平等,2006)。土壤水分再分布决定着不同时间和不同深度土壤保持的水量,直接影响土壤水分的有效性以及植物的水分收支(陈洪松和邵明安,2003)。

围绕降雨入渗及土壤水分再分布,国内外众多学者进行了大量的相关研究,但主要集中在室内模拟降雨环境(Parkin et al.,1995;Zhao et al.,2010;李毅和邵明安,2006;陈洪松等,2006),这些模拟试验多在土柱或土槽、雨后抑制蒸发的条件下进行,并且试验所用的土样较为均匀,无明显层状,无虫孔裂隙等发育,这和野外实际大田环境有很大差别。尽管一些研究者在野外采用人工降雨或自然降雨研究降雨后土壤水量分布规律(Timlin and Pachepsky,2002;Antonio et al.,2002;刘新平等,2006),但多数局限在裸地(无植被生长)下,关于农田作物种植条件下降雨向土壤水的转化及其运动规律方面,仍有待于系统而深入的研究(Zheng et al.,2000)。本书主要采用野外模拟降雨试验的方法,在冬小麦自然蒸散发的条件下,以降雨特性、土壤初始含水量及作物覆盖为主要影响因素,分析了不同降雨条件下麦田雨后湿润锋的运移以及土壤水分再分布的定量关系,以期得出麦田降雨土壤水分运动过程中各种降雨条件下的数量关系,揭示降雨条件下麦田水分循环和平衡机制,从而为麦田降雨有效利用评价提供一定的理论依据。

近年来,在不饱和区土壤中土壤水含量空间和时间的变化得到广泛的研究,出现了不同的描述模型和各种测试手段以及模拟方法,这其中常用的数学模型是 Richards 方程(Brunone et al.,2003;Elmaloglou and Diamantopoulos,2008),它基于 Darcy 定律和质量守恒定律,是描述非饱和渗流问题的严格数学物理模型(Pachepsky et al.,2003)。目前,国外已有很多学者建立了考虑根系吸水的降雨后土壤水分动态模拟的模型(Dawes and Short,1993;Williams and Singh,1995;Edraki et al.,2003;Michele,2004;Kannan et al.,2007;Singh et al.,2008;Simunek et al.,2008),大多基于 Richards 方程,包括 EP-

IC 模型、CERES 模型、SWAT 模型、SWAGMAN 模型、WAVES 模型、CoupModel 模型和 HYDRUS 模型,这些模型在土壤水盐的运动、热和溶质移动的模拟研究中得到了大量应用。本书选择 HYDRUS-1D 模型为模拟工具。HYDRUS 模型是由美国国家盐土实验室(U. S. Salinity Laboratory)的 Kool Huang 和 M. Th. van Genuchten 教授于 1991 年开发成功的,其最早版本也是由 Kool Huang 和 M. Th. van Genuchten 教授共同开发出来的 HYDRUS-1D3. 31 版,后经改进推出了 1996 年的 5.0 版,目前,HYDRUS-1D 已升级到 7.0 版本。

在旱作农业地区,降雨是土壤水分补给的重要方式之一。研究麦田雨后的土壤蒸发特征及土壤水分再分布规律对确定降雨有效利用程度、制定合理的节水灌溉制度等都具有重要的实践指导意义。本书在麦田人工模拟了从小到特大暴雨六级降雨特性,降雨量分别为 4.8 mm、13 mm、25 mm、50 mm、85 mm 和 140 mm,对应处理编号分别为 P1、P2、P3、P4、P5 和 P6,各处理降雨历时为 15~60 min,探讨不同降雨条件下麦田的土壤蒸发及土壤水分再分布规律,研究目标:①揭示不同降雨条件下的麦田土壤蒸发特征及土壤水分再分布规律;②比较不同生育期和降雨条件下麦田土壤蒸发的差异性和土壤水分变化差异,探讨不同降雨条件土壤蒸发量与多种气象因子及其与土壤含水量的关系;③建立麦田降雨后土壤水运动模拟模型。

一、麦田不同降雨条件下雨后蒸发差异

(一)不同降雨条件下麦田土壤蒸发过程趋势分析

图 5-35 为不同降雨条件下雨后 1~7 d 冬小麦土壤蒸发量逐日变化。由图 5-35 可以看出,各时期模拟不同降雨条件结束后蒸发量会急剧升高,并受天气因素控制,这种蒸发高峰会维持一天到数天随后迅速回落。这种格局与其他研究者的观测结果基本一致(Wallace and Holwill, 1997;刘新平等,2006;刘峻杉等,2008)。返青期,各处理平均蒸发量最高时会达到 2.13 mm/d(3 月 15 日),随后蒸发量会迅速回落到 1.37 mm/d,并逐渐降至 1.00 mm/d 左右,中间 3 月 14 日出现阴雨天气,所以蒸发量迅速跌入低谷,此时各处理平均蒸发量仅为 0.64 mm/d。拔节期各处理平均蒸发量由最高的 1.22 mm/d(4 月 11 日),随后回落至 0.80 mm/d。灌浆期雨后前期受阴天寡照影响,各处理平均蒸发量不高,维持在 0.70 mm/d 左右,随后天气转晴,蒸发量急剧上升达到 1.28 mm/d(5 月 4 日),随着土壤表土层水分蒸发减少,各处理平均蒸发量降至 0.91 mm/d。

从图 5-35 还可以看出,降雨量小,雨后麦田蒸发量变化呈逐渐平稳消减状态;降雨强度和降雨量越大的处理,其雨后土壤蒸发对外界环境(气象因素等)的响应程度越强烈。例如,灌浆期 4 月 30 日模拟降雨后,前期阴天,日照时数少,各处理蒸发量较低,随后天气条件好转(5 月 4 日),土壤蒸发增大,P6 处理土壤蒸发量上升了 1.06 mm,但 P1 处理仅增加了 0.08 mm,两个处理相差 13 倍多。

土壤蒸发量随降雨强度和降雨量的增大而不断变大。回归分析表明,土壤蒸发量随降雨量的增加而呈对数函数方式增长的情况在 3 个生育期里均有明显体现,如小雨(P1)处理返青期、拔节期和灌浆期的日均蒸发量分别为 0.87 mm/d、0.64 mm/d 和 0.59 mm/d,但特大暴雨(P6)处理的分别高达 1.29 mm/d、0.97 mm/d 和 0.93 mm/d。

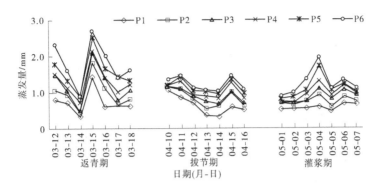

图 5-35　不同处理下冬小麦土壤蒸发量逐日变化

(二)不同降雨条件下麦田逐日累积蒸发量变化

图 5-36 为不同降雨条件下雨后 1~7 d 冬小麦土壤蒸发量逐日累积变化。由图 5-36 可以看出,试验期内,不同降雨条件下土壤累积蒸发量的变化趋势相同,但降雨强度和降雨量越大,即降雨级别越高,累积蒸发量越多。返青期模拟降雨结束后 7 d 内,P1 处理的累积蒸发量只有 6.10 mm,P2、P3、P4、P5 和 P6 处理的则分别比 P1 处理增加 0.86 mm、2.27 mm、3.11 mm、4.89 mm 和 6.45 mm;拔节期模拟降雨结束后 7 d 内,P1 处理的累积蒸发量只有 4.47 mm,P2、P3、P4、P5 和 P6 处理的则分别比 P1 处理增加 1.42 mm、1.91 mm、2.91 mm、3.59 mm 和 4.16 mm;灌浆期模拟降雨结束后 7 d 内,P1 处理的累积蒸发量只有 4.13 mm,P2、P3、P4、P5 和 P6 处理的则分别比 P1 处理增加 1.18 mm、1.93 mm、2.72 mm、3.70 mm 和 4.69 mm。主要原因是降雨级别(降雨强度和降雨量)越大的处理,土壤剖面含水量越高,尤其是土壤表层以下,对土壤蒸发的补给作用越明显,表层土壤水分蒸发后,中层土壤水分可直接进行补给,但降雨级别小的处理,降雨入渗量和入渗深度小,中层土壤水分少,无法对上层土壤水分形成有效补给。对各生育期 6 个处理冬小麦累积土壤蒸发量进行方差分析,6 个处理间差异均达到显著水平($P<0.05$)。回归分析表明,三个生育期,试验期内土壤累积蒸发量随降雨量的增大而呈极显著的对数函数方式增加($P<0.01$),且降雨量小于 50 mm 时,增长速度较快,大于该值时,增速逐渐降低。

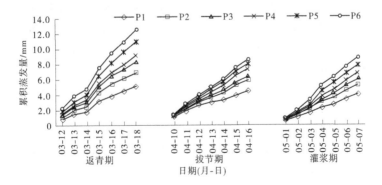

图 5-36　不同处理下冬小麦棵间蒸发量逐日累积变化

（三）不同降雨条件下麦田日间蒸发量差异分析

由图 5-37 可知,不同降雨条件下白天麦田土壤蒸发量的大小顺序为:P6>P5>P4>P3>P2>P1,即土壤蒸发量随降雨强度和降雨量的增长而不断变大。不同处理的土壤蒸发变化趋势基本一致,只是变化的幅度存在差异。对 6 个处理白天土壤蒸发量进行方差分析,结果表明:返青期,雨后第 1~6 d 内 6 个处理白天土壤蒸发量均达到显著和极显著水平,而第 7 d 各处理之间差异未达到显著水平;拔节期,雨后第 1~2 d 内 6 个处理白天土壤蒸发量差异不明显,主要是恰逢阴天寡照,气温也偏低,土壤表层水分又基本一致,处理间差距小,随后第 3~5 d,气象条件好转,土壤蒸发量增大,6 个处理之间均达到显著水平,随着土壤表层水分减少,雨后第 6~7 d,各处理间差异未达到显著水平;灌浆期,雨后第 1~2 d 内同样是阴天寡照、气温低,6 个处理白天土壤蒸发量差异不明显,随后第 3~5 d 天气转晴,气温上升,处理间土壤蒸发量差距拉大,达到显著和极显著水平,最后 2 d,各处理间均没有达到显著水平,说明差异不大。由此可以看出,一方面,处理间土壤蒸发量差异受天气影响明显;另一方面,随雨后天数的持续,土壤表层水分逐渐减少,土壤蒸发量下降,处理间差异变小。

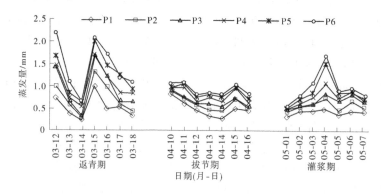

图 5-37　不同处理下冬小麦白天土壤蒸发量逐日变化

（四）不同降雨条件下麦田夜间蒸发量差异分析

由图 5-38 可知,不同处理的土壤逐日晚上蒸发量变化趋势基本一致,受气温影响,整体蒸发量偏小;土壤蒸发量随降雨强度和降雨量的增加而不断变大,但各处理间差异不明显。返青期试验期内,P1~P6 处理晚上日均土壤蒸发量分别为 0.21 mm/d、0.25 mm/d、0.25 mm/d、0.26 mm/d、0.30 mm/d、0.36 mm/d,累积蒸发量则分别为 1.46 mm、1.74 mm、1.77 mm、1.85 mm、2.11 mm、2.51 mm;拔节期试验期内,P1~P6 处理晚上日均土壤蒸发量分别为 0.14 mm/d、0.22 mm/d、0.23 mm/d、0.26 mm/d、0.27 mm/d、0.30 mm/d,累积蒸发量则分别为 0.99 mm、1.53 mm、1.64 mm、1.79 mm、1.92 mm、2.11 mm;灌浆期试验期内,P1~P6 处理晚上日均土壤蒸发量分别为 0.17 mm/d、0.19 mm/d、0.20 mm/d、0.23 mm/d、0.25 mm/d、0.28 mm/d,累积蒸发量则分别为 1.16 mm、1.31 mm、1.40 mm、1.62 mm、1.72 mm、1.98 mm。

（五）不同生育期麦田蒸发量差异分析

由表 5-16 可知,不同降雨条件下冬小麦各生育期日均土壤蒸发量由大到小依次为返青期、拔节期和灌浆期,即各处理土壤蒸发量随生育期的进程总趋势不断减小。结合试验

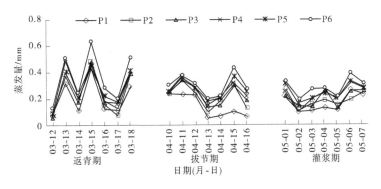

图 5-38 不同处理下冬小麦晚上土壤蒸发量逐日变化

期间记录的气象因子进行分析,产生该现象的原因主要是返青期叶面积指数较小,植株不是很茂盛,土壤裸露使土壤蒸发较大,另外大田的平均气温已达 12 ℃以上,湿度偏小,气候干旱,使得土壤蒸发量增多;拔节期冬小麦生长迅速,这一时期,虽然气温上升增加了土壤蒸发,但作物的冠层覆盖度不断增大,在一定程度上抑制了麦田棵间土壤蒸发;进入灌浆期叶面积指数已达到最大值,加上阴雨天气较多,空气湿度较大,故土壤蒸发量最小。这说明太阳辐射、气温、地温、风速等因素能促进土壤蒸发,而叶面积指数、覆盖度、空气湿度等因素能抑制土壤蒸发。以返青期为对照,P1 处理拔节期和灌浆期麦田平均日土壤蒸发量比对照分别减少 0.23 mm 和 0.28 mm,降幅为 26.68%和 32.38%;P2 处理拔节期和灌浆期麦田平均日土壤蒸发量比对照分别减少 0.15 mm 和 0.24 mm,降幅为 15.31%和 23.74%;P3 处理拔节期和灌浆期麦田平均日土壤蒸发量比对照分别减少 0.28 mm 和 0.33 mm,降幅为 23.71%和 27.65%;P4 处理拔节期和灌浆期麦田平均日土壤蒸发量比对照分别减少 0.26 mm 和 0.34 mm,降幅为 19.84%和 25.64%;P5 处理拔节期和灌浆期麦田平均日土壤蒸发量比对照分别减少 0.42 mm 和 0.45 mm,降幅为 26.63%和 28.77%;P6 处理拔节期和灌浆期麦田平均日土壤蒸发量比对照分别减少 0.56 mm 和 0.53 mm,降幅为 31.21%和 29.74%。返青期不同处理平均阶段土壤蒸发量 9.03 mm,拔节期为 6.81 mm,灌浆期降至 6.50 mm,降幅达 28.02%。

表 5-16 不同生育期各处理雨后麦田日平均蒸发量和阶段蒸发量比较

生育期	项目	P1	P2	P3	P4	P5	P6	平均值
返青	日平均蒸发量/mm	0.87	0.99	1.20	1.32	1.57	1.79	1.29
	阶段蒸发量/mm	6.10	6.96	8.37	9.21	10.99	12.55	9.03
拔节	日平均蒸发量/mm	0.64	0.84	0.91	1.05	1.15	1.23	0.97
	阶段蒸发量/mm	4.47	5.89	6.39	7.38	8.06	8.63	6.81
灌浆	日平均蒸发量/mm	0.59	0.76	0.87	0.98	1.12	1.26	0.93
	阶段蒸发量/mm	4.13	5.31	6.06	6.85	7.83	8.82	6.50

(六)不同降雨条件对冬小麦土壤蒸发量占降雨量比例(E/P)的影响

由图 5-39 可以看出,不同降雨条件下冬小麦土壤蒸发量占降雨量的比例(E/P)在 3

个生育期中大小排序相同,均为 P1>P2>P3>P4>P5>P6,即随着降雨强度和降雨量的增大,E/P 降低。小雨处理的三个生育期平均 E/P 为 0.96,即其 96% 的雨水被蒸发,但特大暴雨处理的三个生育期平均 E/P 仅有 7% 被蒸发,这说明降雨量小于 5 mm 时,全部降雨都将被蒸发消耗掉,对作物利用基本无效;降雨级别越大的处理,雨水转化为土壤水的比例越大,因为不同降雨级别雨水的下渗深度不同,入渗深度越大,相同蒸发条件下的土壤蒸发量比例越小(龙桃等,2010)。

通过对试验期各次模拟降雨水分分配的统计分析可以看出,在连续 7 d 的土壤蒸发测定中,返青期,从 P1 到 P6(小雨至特大暴雨)的 E/P 分别为 1.08、0.54、0.33、0.18、0.13 和 0.09;拔节期,从 P1 至 P6(小雨至特大暴雨)的 E/P 分别为 0.93、0.45、0.26、0.15、0.09 和 0.06;灌浆期,从 P1 到 P6(小雨至特大暴雨)的 E/P 分别为 0.86、0.41、0.24、0.14、0.09 和 0.06。三个生育期 E/P 与降雨量均呈显著幂函数关系($p<0.01$,见图 5-40),关系式分别为

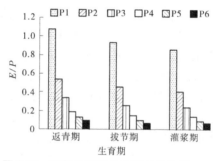

图 5-39　不同处理下冬小麦各生育期 E/P

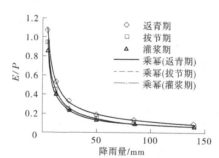

图 5-40　冬小麦各生育期 E/P 与降雨量的关系

返青期:

$$E/P = 3.373\,2P^{-0.725\,1} \quad (R^2 = 0.999\,4) \tag{5-42}$$

拔节期:

$$E/P = 3.149\,6P^{-0.772\,8} \quad (R^2 = 0.998\,9) \tag{5-43}$$

灌浆期:

$$E/P = 2.874\,8P^{-0.768\,2} \quad (R^2 = 0.999\,8) \tag{5-44}$$

(七)气象因子对麦田雨后蒸发的影响

冬小麦雨后土壤蒸发量不仅受到土壤特性、作物性状等因素的影响,同时与蒸发皿中的水面蒸发一样,都受到日照时数、气温、相对湿度等气象因素的影响(王健等,2002)。

由表 5-17 可知,土壤蒸发量与各气象因子的相关程度有从小雨向特大暴雨不断增加的趋势,即雨后麦田土壤蒸发量对各气象因子的响应程度随降雨强度和降雨量的增加而变大。从各气象因子与麦田土壤蒸发量的相关程度来看,日照时数相关系数最高,各级降雨平均为 0.71,其次是 20 cm 蒸发皿水面蒸发量,其各级降雨平均相关系数为 0.67,日最高气温各级降雨平均相关系数为 0.57,日平均气温各级降雨平均相关系数为 0.48,日最低气温各级降雨平均相关系数为 0.32,日最小相对湿度相关系数最小,各级降雨平均仅为 0.27。显著性检验分析表明,雨后麦田土壤蒸发与日照时数、20 cm 蒸发皿水面蒸发量、日最高气温、日平均气温相关性程度较高,且达到显著和极显著水平;土壤蒸发量与日最低气温及日最小相对湿度都没有明显的相关性。

表 5-17　不同处理雨后麦田土壤蒸发量和气象因子的 Pearson 相关系数

气象因子	相关系数					
	P1	P2	P3	P4	P5	P6
日平均气温	0.45*	0.48*	0.47*	0.53**	0.49**	0.47*
日最高气温	0.52**	0.56**	0.56**	0.63**	0.59**	0.58**
日最低气温	0.33	0.34	0.31	0.35	0.30	0.28
日最小相对湿度	−0.27	−0.26	−0.25	−0.29	−0.28	−0.27
日照时数	0.60**	0.67**	0.70**	0.76**	0.76**	0.75**
20 cm 蒸发皿水面蒸发量	0.61**	0.66**	0.64**	0.74**	0.71**	0.65**

注:**,显著($p<0.01$);*,显著($p<0.05$)。

(八)土壤含水量对麦田雨后蒸发的影响

为了进一步了解麦田雨后土壤蒸发与土壤含水量的关系,对土壤蒸发与各土层土壤含水量间的相关性进行了分析(见表 5-18)。由表 5-18 可知,不同处理土壤日蒸发量与其各层土壤含水量的相关程度基本一致,都表现出麦田土壤蒸发与各层土壤含水量相关性较强,且呈显著正相关,这是因为土壤水分是麦田土壤蒸发量直接补给源,土壤含水量的大小直接决定蒸发量的多少;另外,试验中整体上雨前各处理土壤剖面土壤含水量相对比较均匀,土层间土壤含水量相差不大,即使在雨后连续几天中,变化比较同步,各层间差异均不大,这可能是造成同一处理各层相关程度比较接近的原因。从 P1 至 P6,相同土层相关系数略有增大,即相关程度有随降雨级别的增大而不断增大的趋势。

表 5-18　不同处理雨后麦田土壤蒸发量和土壤含水量的 Pearson 相关系数

土层(cm)	相关系数					
	P1	P2	P3	P4	P5	P6
0~10	0.75**	0.78**	0.76**	0.78**	0.80**	0.76**
10~20	0.76**	0.78**	0.79**	0.82**	0.80**	0.77**
20~40	0.74**	0.78**	0.78**	0.83**	0.81**	0.75**
40~60	0.73**	0.78**	0.79**	0.85**	0.80**	0.77**
60~80	0.71**	0.78**	0.80**	0.82**	0.83**	0.80**
80~100	0.75**	0.78**	0.80**	0.85**	0.82**	0.80**

注:**,显著($p<0.01$)。

二、麦田雨后土壤水分再分布

(一)不同降雨条件下麦田土壤水分再分布动态变化

降雨停止且土壤表面水层消失后就进入了土壤水分再分布过程。不同降雨条件下相同时刻的上壤水分再分布过程相似,表现为降雨入渗后表层土壤含水量急剧增加,土层越深,变化幅度越小。随着停渗时间的延长,受作物蒸散发作用,各处理0~20 cm表层土壤含水量又迅速降低,同时土壤的水分由于重力、基质势作用继续向下运动,降雨强度和降雨量大的处理20 cm以下土层的含水量先稍有增大趋势,然后逐渐减小。降雨条件不同,降雨量和降雨强度就存在差异,土壤入渗水量也不同,因此对土壤水分再分布过程也会产生一定影响。

从各时期不同处理雨后麦田土壤剖面水分变化过程可以看出,不同的降雨强度对土壤各层次湿润的程度不同。降雨强度和降雨量越大,土壤水分再分布影响的土层就越深。返青期、拔节期 P1(4.8 mm)、P2(13.0 mm)、P3(25.0 mm)处理的降雨再分配后的入渗深度分别为20 cm、40 cm、80 cm,当降雨达到暴雨以上级别(>30.0 mm)时,0~100 cm土层内土壤含水量都有较大变化,P4(50.0 mm)、P5(85.0 mm)、P6(140.0 mm)再分配入渗深度可以达到100 cm以下;灌浆期由于土壤初始含水量较低(0~100 cm土层平均土壤体积含水量仅为18.59%)和冠层降雨截留作用,P3、P4、P5处理降雨再分配后的入渗深度仅为40 cm、60 cm、60 cm,当降雨达到特大暴雨以上级别(>130.0 mm)时,P6处理再分配入渗深度可以达到100 cm以下。同时各处理降雨量不同,土壤水分再分配过程所经历的时间也不同,降雨量越大,土壤水分再分配过程所需的时间越长,比如小雨处理的土壤水分再分配过程大约仅需要12 h,而其他大雨量处理则远远超过了12 h。

从不同深度土层土壤水分的变化过程来看,不同处理降雨后各层次土壤含水量均下降,但下降的幅度表现为上层显著大于下层,特别是0~20 cm深度土壤含水量下降趋势最大,20~60 cm深度土壤水分减小趋势则较为平缓,而60~100 cm土层受作物蒸散发影响最小,该土层水分变化幅度最小,而对于渗入100 cm土层以下的雨水,如果没有植物根系的提升作用,是不可能再损失的。不同降雨条件下麦田土壤水分变化过程基本同步,均与降雨量的多少有紧密的关系。高强度、大雨量下,0~100 cm土层土壤含水量波动幅度较大,田间土壤水分上升和下降幅度最高,低强度、小雨量下,各土层土壤水分变化最小。另外,小雨量级别处理麦田土壤水分下降速度最快,土壤含水量最低;大雨量级别处理的土壤水分下降幅度最小,土壤含水量相对最高。在土壤水分再分配过程结束以后,小雨、中雨及大雨,由于入渗量相对少,雨后156 h土壤水分就已消耗到雨前土壤含水量水平,甚至会低于雨前土壤含水量;而暴雨级别以上由于降雨入渗水量较多,0~100 cm土层土壤含水量仍高于雨前土壤含水量,并且雨水主要贮存在40 cm土层以下。

(二)不同降雨条件下麦田土壤水分再分布的湿润锋运移特征及规律

Hillel(1971)把入渗中土壤水剖面从上往下分为饱和层、延伸层、湿润层和湿润锋。湿润锋是指在湿润层下缘一个较为明显的干湿交界的锋面。降雨湿润锋运移时间、深度与降雨级别(降雨量和降雨强度)有密切关系。降雨量越大,湿润锋运移历时也越长。在同等条件下,降雨湿润锋运移深度随降雨量的增大而增加。通过测定不同时间土壤水分的变化确定出湿润锋运移的深度。返青期、拔节期无论是小雨、中雨还是大雨,湿润锋运移阶段所经历的时间均很短,雨后 12 h 土壤含水量基本达到稳定,运移深度随降雨级别增大而加深,P1、P2、P3 处理的运移深度分别为 10 cm、40 cm、60 cm;暴雨级别以上雨后土壤湿润锋运移阶段所经历时间变长,均在 60～84 h,且运移深度均超过 100 cm;到了灌浆期,冬小麦冠层覆盖度最大,截留作用明显,再加上雨前土壤含水量偏低,P1、P2 处理湿润锋运移阶段所经历的时间为 12 h,但 P3、P4、P5、P6 处理则分别需要历时 36 h、36 h、108 h、132 h;运移深度随降雨级别增大而加深,P1～P6 处理的降雨湿润锋运移深度分别为 10 cm、20 cm、40 cm、60 cm、100 cm 和 100 cm。

　　通过不同降雨条件下湿润锋的运移过程可以看出,降雨级别(降雨量和降雨强度)越大,其到达峰值所需的时间就短,湿润锋运移速率也会相应增大。湿润锋运移速率随着降雨级别的增大而增大,返青期和拔节期历时 12 h,P1、P2、P3 处理的降雨湿润锋分别迁移至 10 cm、40 cm、60 cm 深度,暴雨级别以上的降雨则迁移至 100 cm。同时表现出湿润锋的传递具有很明显的非同步性(王新平等,2003)。例如,返青期 P3 的降雨入渗至 40 cm 和 80 cm 的时间差距为 24 h;P4 处理的降雨湿润锋入渗至 40 cm 和 80 cm 的时间差距为 12 h。

　　降雨开始时,湿润锋运移速率逐渐增大,达到峰值之后,随着时间的延长,运移速率迅速降低,湿润锋下移明显减慢,且湿润锋的位置愈不明显,这是因为当土壤剖面湿润层水分减少,干燥层水分增加后,两土层间的吸力梯度减小了,且由于初始湿润层脱水后,其导水率也相应地下降了,当吸力梯度与导水率同时都减小时,水流通量就迅速下降,相应地湿润锋的运移速率也减缓了,在入渗期间颇为鲜明的湿润锋在再分布过程中就逐渐消散了(张莉,2004)。王全九等(2000)、邹焱等(2005)通过公式推导证明湿润锋运移深度与时间的平方根呈线性正相关关系,湿润锋速率与时间的关系可用负幂函数描述。

　　土壤初始含水量对降雨入渗后土壤水分再分布有较大影响。灌浆期土壤初始含水量较低时(0～100 cm 土层土壤含水量平均仅 18.59%),各土层土壤水分变化幅度较大,湿润锋运移和水分再分布较慢;相反,返青期土壤初始含水量较高时(0～100 cm 土层土壤含水量平均达 28.16%),土层土壤水分变化较平缓,同一时间的湿润锋速率均较高,降雨后土壤水分再分布相对较快。这主要是由于在入渗过程中和短时间内的土壤水分再分布过程中,入渗时上层土壤含水量很快达到饱和或接近饱和,因而湿润锋运移较快(邹焱等,2005)。由此可见,土壤初始含水量越高,湿润锋运移越快。

(三)冬小麦不同生育期各处理田间土壤水分变化

　　植物根系在不同时期会以不同的位置和速率向下伸展,根系吸水在垂直方向和水平方向上均有变化。返青期冬小麦的根系主要集中在 0～40 cm 土层,这一阶段中根系生长还未达到 40 cm 土层以下,因此在 40 cm 以下土层冬小麦根系吸水很少,几乎不存在吸水现象;当冬小麦处于拔节期到灌浆初期,其营养生长和生殖生长齐头并进,根系下扎,再加上气温上升明显,处于耗水高峰期,浅层土壤水分迅速消退,40 cm 土层以下受根系吸水影响土壤水分明显减少。已有研究表明,冬小麦根量主要集中在上层,根长密度、根质量密度在 0～50 cm 土层内分别占 57.7% 和 66.7%,而在 50～100 cm 土层内分别占 23.4% 和 18.7%(刘荣花等,2008)。

返青期植株较小,蒸发蒸腾主要表现为棵间土壤蒸发,雨后表层 0~20 cm 土壤水分一直处于消耗过程,土壤含水量急剧降低,雨后 156 h 从 P1 处理到 P6 处理的 0~20 cm 的土壤含水量较各自雨后 12 h 的土壤含水量分别减少 12.04%、16.46%、19.09%、20.83%、20.40% 和 20.50%,由此可见,表层土壤含水量损失有随降雨量增多而增大的趋势。除 P1 处理、P2 处理外(雨量小,降雨在再分配结束后对深层未起到一定的补给作用),大雨级别以上处理 20 cm 土层以下土壤含水量在重力势、基质势和根系吸水共同作用下则先增加后减少,但土壤含水量降低程度明显低于表层,雨后 156 h 从 P3 处理到 P6 处理 20~60 cm 土层平均土壤含水量较各自峰值分别降低 5.05%、8.36%、7.78% 和 6.34%;60~100 cm 土层平均土壤含水量较各自峰值分别降低 2.05%、4.09%、7.02% 和 6.87%。由此可见,大雨处理受降雨量影响,60 cm 以下的土壤含水量变化幅度较小,P3 到 P6 处理 60~100 cm 土层土壤含水量减少主要是由于重力和基质势作用,土壤水分向深层发生运移。

拔节期气温升高,冬小麦进入营养生长阶段,植株生长旺盛,土壤水分消耗急剧增加,模拟降雨前,0~100 cm 土壤初始含水量为 16.58%,低于返青期雨前,因而雨后各处理土壤水分再分布过程与返青期有一定差异。雨后由于强烈的棵间蒸发和植株蒸腾作用,表层 0~20 cm 土壤含水量降低很快,雨后 156 h 从 P1 处理到 P6 处理的 0~20 cm 的土壤含水量较各自雨后 12 h 的土壤含水量分别减少 17.92%、23.29%、27.74%、25.69%、20.66% 和 25.45%,随降雨量增多,表层土壤含水量下降的速度大且变化幅度大。同样除 P1 处理和 P2 处理外,大雨级别以上处理 20 cm 土层以下土壤含水量在重力势、基质势和根系吸水共同作用下则先增加后减少,但土壤含水量降低程度明显低于表层,雨后 156 h 从 P3 处理到 P6 处理 20~60 cm 土层平均土壤含水量较各自峰值分别降低 10.22%、16.73%、5.41% 和 10.88%;60~100 cm 土层平均土壤含水量较各自峰值分别降低 6.13%、9.45%、9.59% 和 12.31%,这表明 60 cm 以下的土壤含水量变化幅度随降雨级别增大而增大。

灌浆期由于冬小麦进入生殖生长阶段,植株形态已成型,根系下扎较深(超过 100 cm),再加上气温较高,土壤水分消耗较多,土壤初始含水量较低,雨前 0~100 cm 土层土壤初始含水量仅为 12.96%,且表层土壤含水量与深层相差不大,因此土壤水分再分布过程中土壤含水量垂直向下逐层增高,形成明显梯度,整个再分布过程中,各级降雨土壤水分主要在 0~60 cm 土层间发生变化,对深层土壤含水量影响较小。该时期小雨水分仅湿润至约 10 cm 土层,雨后由于强烈的蒸散发作用,各处理表层 0~20 cm 土壤含水量急剧降低,雨后 156 h 从 P1 处理到 P6 处理的 0~20 cm 的土壤含水量较各自雨后 12 h 的土壤含水量分别减少 15.70%、20.68%、22.71%、27.06%、23.57% 和 27.45%,随降雨量增多,表层土壤含水量下降的速度大且变化幅度大。同样除 P1 处理和 P2 处理,大雨级别以上处理 20 cm 土层以下土壤含水量在重力势、基质势和根系吸水共同作用下开始有增大的趋势,随后逐渐减小,但土壤含水量降低程度明显低于表层,雨后 156 h 从 P3 处理到 P6 处理 20~60 cm 土层平均土壤含水量较各自峰值分别降低 16.64%、11.66%、20.61% 和 23.33%;P3 处理 60 cm 以下的土壤含水量变化不明显,P4、P5、P6 处理 60~100 cm 土层平均土壤含水量较各自峰值分别降低 7.62%、8.97%、11.68%。

综上所述,可以看出,入渗过程结束后,剖面水分垂直运动仍将继续,剖面水分在重力作用下继续下移,表层 0~20 cm 处含水量随时间减小最大,20 cm 土层以下土壤含水量下降幅度随深度增加而逐渐减小。相比返青期,拔节期和灌浆期各层土壤含水量减小的幅度明显要大得多。由于冬小麦蒸发蒸腾作用,土壤剖面水分变化幅度明显大于返青期的水分变化。尤其在灌浆期,20~60 cm 土层土壤水被作物根系大量消耗,这种土壤水分减少幅度最为显著。60~100 cm 土层在各生育期随着再分布时间的延长,土壤水分消耗相对缓慢,土壤含水量略有变化。

(四)不同降雨条件下麦田降雨利用情况

在土壤前期含水量基本一致的情况下,降雨条件不同,降雨蓄积土壤水量也不同。由图 5-41 可以看出,返青期 P1 处理雨后 12 h 有 4.07 mm 降雨转化为土壤水,雨后 84 h 损失 70.79%,雨后 156 h 损失 100%;P2 处理雨后 12 h 有 10.86 mm 降雨转化为土壤水,雨后 84 h 损失 44.38%,雨后 156 h 损失 76.88%;P3 处理雨后 12 h 有 21.52 mm 降雨转化为土壤水,雨后 84 h 损失 23.57 %,雨后 156 h 损失 69.96%;P4 处理雨后 12 h 有 39.20 mm 降雨转化为土壤水,雨后 84 h 损失 40.63%,雨后 156 h 损失 66.12%;P5 处理雨后 12 h 有 67.18 mm 降雨转化为土壤水,雨后 84 h 损失 38.68%,雨后 156 h 损失 63.82%;P6 处理雨后 12 h 有 87.78 mm 降雨转化为土壤水,雨后 84 h 损失 61.10%,雨后 156 h 损失 76.21%。

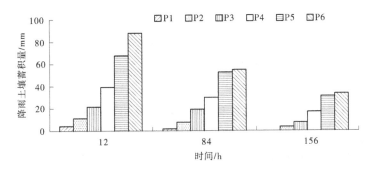

图 5-41　返青期各处理雨后不同时段麦田降雨土壤蓄积量

由图 5-42 可以看出,拔节期 P1 处理雨后 12 h 有 3.82 mm 降雨转化为土壤水,雨后 84 h 损失 61.93%,雨后 156 h 损失 100%;P2 处理雨后 12 h 有 11.34 mm 降雨转化为土壤水,雨后 84 h 损失 33.51%,雨后 156 h 损失 74.84%;P3 处理雨后 12 h 有 19.94 mm 降雨转化为土壤水,雨后 84 h 损失 28.05%,雨后 156 h 损失 71.20%;P4 处理雨后 12 h 有 48.42 mm 降雨转化为土壤水,雨后 84 h 损失 33.73%,雨后 156 h 损失 67.11%;P5 处理雨后 12 h 有 57.06 mm 降雨转化为土壤水,雨后 84 h 损失 34.24%,雨后 156 h 损失 58.27%;P6 处理雨后 12 h 有 105.31 mm 降雨转化为土壤水,雨后 84 h 损失 46.80%,雨后 156 h 损失 64.75%。

由图 5-43 可以看出,灌浆期 P1 处理雨后 12 h 有 2.85 mm 降雨转化为土壤水,雨后 84 h 损失 75.17%,雨后 156 h 损失 97.69%;P2 处理雨后 12 h 有 9.62 mm 降雨转化为土壤水,雨后 84 h 损失 47.78%,雨后 156 h 损失 77.80%;P3 处理雨后 12 h 有 20.85 mm 降雨转化为土壤水,雨后 84 h 损失 26.17%,雨后 156 h 损失 52.89%;P4 处理雨后 12 h 有

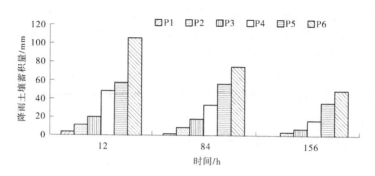

图 5-42　拔节期各处理雨后不同时段麦田降雨土壤蓄积量

44.16 mm 降雨转化为土壤水,雨后 84 h 损失 27.16%,雨后 156 h 损失 42.16%;P5 处理雨后 12 h 有 63.81 mm 降雨转化为土壤水,雨后 84 h 损失 43.28%,雨后 156 h 损失 60.12%;P6 处理雨后 12 h 有 111.76 mm 降雨转化为土壤水,雨后 84 h 损失 39.61%,雨后 156 h 损失 56.65%。

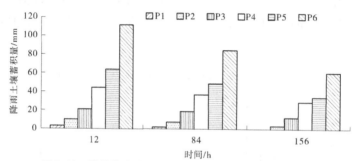

图 5-43　灌浆期各处理雨后不同时段麦田降雨土壤蓄积量

　　由此可见,降雨强度和降雨量越大,转化成土壤水的水量就越多。从降雨转化成土壤水的效率来看,0~100 cm 降雨土壤蓄积系数随降雨级别呈单峰曲线变化,即小雨、中雨和大暴雨、特大暴雨的转化率偏低,而大雨和暴雨较高,这可能是由于雨量太小易受作物冠层截留损失,同时只能入渗到麦田表层,以蒸散发形式快速消耗;雨量太大,则容易造成深层渗漏,作物主要根系层很难留住过多雨水。灌浆期受植株冠层截留作用,小雨、中雨过程中冠层截留损失较大,另外,受植株冠层遮蔽影响,该时期停渗后表层水分损失相对较小。由上述分析可知,雨前土壤初始含水量越高,降雨渗入土壤深层的雨量就越多,从而造成深层渗漏量较多,返青期初始土壤含水量明显高于拔节期和灌浆期,在暴雨级别以上,该时期 0~100 cm 降雨土壤蓄积量雨后各时间段明显大于返青期,这表明土壤初始含水量对降雨土壤蓄积量也会造成负面影响,特别是在大雨量情况下。

三、降雨条件下麦田土壤水分运动数值模拟

(一)模型建立

　　本书采用 HYDRUS-1D 模型的土壤水分运动的基本方程,忽略了土壤水分的水平与侧向运动,同时忽略气体及热量等对土壤水流运动的影响,试验区包气带中的土壤水分运移以垂向运动为主,其数学模型为(Simunek et al.,2008):

$$\frac{\partial \theta}{\partial t} = \frac{\partial}{\partial z}\left[K\left(\frac{\partial h}{\partial z} + \cos\alpha\right)\right] - S(z,t) \tag{5-45}$$

$$K(h,z) = K_s(z)K_r(h,z) \tag{5-46}$$

式中　θ——土壤含水率(体积百分比,%);

　　　　K——土壤非饱和导水率,cm/d,在饱和土壤中,其值与渗透系数相同;

　　　　$S(z,t)$——t 时刻 z 深度处根系吸水速率,cm³/(cm³·d);

　　　　α——土壤水流方向与垂直方向的夹角,本书 $\alpha = 0°$;

　　　　h——土壤水势,cm;

　　　　t——时间,d;

　　　　z——土壤深度,cm;

　　　　K_r——土壤相对水力传导度;

　　　　K_s——土壤饱和导水率,cm/d。

(二)模型参数确定

1. 土壤水分特征曲线

土壤水分特征曲线表征土壤中水的含量与势能之间的关系,是模拟水分和溶质在非饱和土壤中运移的关键参数。目前,描述土壤水分特征曲线比较常用的模型主要有:Gardner-Russo、Brooks-Corey、Campbell 和 Van Genuchten 模型(Huang et al., 2006; Van Genuchten, 1980)。已有研究表明,与其他模型相比,Van Genuchten 模型在整个非饱和区域内具有连续性,能很好地描述不同土壤质地在相当的水势与含水率范围的土壤水分特征曲线,其拟合效果均较好(徐绍辉和刘建立,2003)。因此,本书模拟时选用该模型来拟合土壤水分特征曲线参数。

试验地土壤分为两层。土壤水分特征曲线采用离心机(日立 CR21)测定,同时借助美国圭尔夫压力渗透仪(Guelph Permeameter 2800K1)对试验区土壤进行饱和导水率 K_s 测试。土壤水分特征曲线拟合和饱和导水率采用 Van Genuchten 模型描述:

$$\theta(h) = \begin{cases} \theta_r + \dfrac{\theta_s - \theta_r}{(1 + a|h|^n)^m} & h < 0 \\[2mm] \theta_s & h \geqslant 0 \end{cases} \tag{5-47}$$

$$K(h) = K_s S_e^l [1 - (1 - S_e^{1/m})^m]^2 \tag{5-48}$$

$$S_e = (\theta - \theta_r)/(\theta_s - \theta_r) \tag{5-49}$$

$$m = 1 - 1/n \quad (n > 1) \tag{5-50}$$

式中　$\theta(h)$——以水势为变量的土壤体积含水量,cm³/cm³;

　　　　h——土壤压力水头,cm;

　　　　θ_r、θ_s——土壤的残余体积含水量和饱和体积含水量,cm³/cm³;

　　　　θ——土壤体积含水量,cm³/cm³;

　　　　a、m、n——经验拟合参数;

　　　　l——土壤空隙连通性参数,通常取 0.5;

　　　　K_s——土壤饱和导水率,cm/d;

　　　　$K(h)$——土壤非饱和导水率,cm/d;

S_e——土壤有效含水量,cm^3/cm^3。

土壤水分特征曲线的拟合参数如表 5-19 所示,拟合曲线如图 5-44 所示。

表 5-19　土壤水分特征曲线(Van Genuchten 方程)的拟合参数

土层/cm	$\theta_s/(cm^3/cm^3)$	$\theta_r/(cm^3/cm^3)$	n	a	$K_s/(cm/d)$
0~20	0.440 1	0.032 2	1.137 7	0.042 1	33.12
20~100	0.430 1	0.116 4	1.246 5	0.021 7	21.60

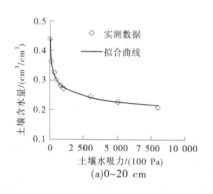 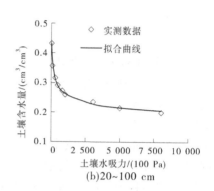

图 5-44　0~20 cm 和 20~100 cm 土层土壤水吸力与相应含水量的关系

2. 冬小麦根系吸水模型

目前,常用的作物根系吸水模型有 Gardner 模型(Gardner,1991)、Feddes 模型及改进 Feddes 模型(Feddes et al.,1974,1976,1978)、Molz-Remson 模型(Molz and Remson,1971)、Selim-Iskandar 模型(Molz and Remson,1981)、Rowes 模型(Molz and Remson,1981)和 Herkelrath 模型(Herkelrath et al.,1977)。以上模型中,由于 Feddes 模型考虑了根系密度及土壤水势对作物根系吸水速率的影响,且计算形式比较简单,在实际应用中比较方便。因此,本书采用 Feddes 模型(1978)计算,即

$$S(z,t) = \alpha(h,z)\beta(z)T_p \tag{5-51}$$

$$\alpha(h) = \begin{cases} \dfrac{h}{h_1} & h_1 < h \leq 0 \\ 1 & h_2 < h \leq h_1 \\ \dfrac{h-h_3}{h_2-h_3} & h_3 \leq h \leq h_2 \\ 0 & h < h_3 \end{cases} \tag{5-52}$$

式中　$S(z,t)$——t 时刻 z 深度处根系吸水速率,$cm^3/(cm^3 \cdot d)$;

　　　t——时间,d;

　　　$\alpha(h,z)$——土壤水势响应函数;

　　　$\beta(z)$——根系吸水分布函数,1/cm;

　　　T_p——作物潜在蒸腾率,cm/d;

h——某一土壤深度 z 处土壤水势,cm;

h_1、h_2 和 h_3——影响根系吸水的几个土壤水势阈值,cm。

当 $h<h_3$ 时,根系不能从土壤中吸收水分,所以 h_3 通常对应着作物出现永久凋萎时的土壤水势;(h_2,h_1)是作物根系吸水最适合的土壤水势区间范围;当 $h>h_1$ 时,由于土壤湿度过高,透气性变差,根系吸水速率降低。上述土壤水势阈值一般由试验确定,本书模型中采用 Wesseling（1991）的小麦数据库给出的根系吸水参数值。

根系吸水分布函数 $\beta(z)$ 用来描述作物根系空间分布特征及其吸水特性,根据田间实测数据确定。在5月21日采用根钻法取根,根钻直径7 cm、高20 cm。取样点位置为麦行中心,垂直方向20 cm为一层,取样深度至地表以下100 cm处,重复3次,总计取样点数15个。将所取土样放在密封袋中带回到实验室进行分析,采用网格交叉法（薛德榕等,1985）计算冬小麦根长。通过分析可知,冬小麦根系根长在垂直剖面基本呈指数函数分布,拟合方程如下:

$$\beta(z) = 29.2503e^{-0.1329z} \quad (n = 15, R^2 = 0.95) \tag{5-53}$$

式中　$\beta(z)$——根长密度,cm/cm^3;

z——土层深度,cm。

3. 作物潜在蒸散量计算及组成分解

作物潜在蒸散量的计算方法有很多,常用的有空气动力学法、能量平衡法、PM公式法、作物系数法和经验公式法。本书采用作物系数法,即参考作物潜在蒸散量 ET$_0$ 乘以作物系数即得作物潜在蒸散量 ET$_p$,该方法最重要最关键的一步是计算参考作物蒸散量 ET$_0$。已有试验研究表明,修正PM公式不需要专门的地区率定和风函数等,使用一般气象资料即可计算 ET$_0$ 值,实际应用价值和精度都较高（Allen et al., 1998; Kashvap and Panda, 2001）。因此,本书使用试验区自动气象观测站的气象资料,采用修正PM公式计算得到每天的参考作物潜在蒸散量 ET$_0$,具体计算公式如下:

$$ET_0 = \frac{0.408\Delta(R_n - G) + \gamma \dfrac{900}{T + 273}u_2(e_s - e_a)}{\Delta + \gamma(1 + 0.34u_2)} \tag{5-54}$$

式中　ET$_0$——参考作物蒸散量,mm/d;

G——土壤热通量,MJ/(m^2·d);

e_s——饱和水汽压,kPa;

e_a——实际水汽压,kPa;

R_n——作物表面的净辐射量,MJ/(m^2·d);

Δ——饱和水汽压与温度曲线的斜率,kPa/℃;

γ——干湿表常数,kPa/℃;

u_2——2 m高处的日平均风速,s/m。

$$ET_p = K_c \cdot ET_0 \tag{5-55}$$

式中　ET$_p$——作物潜在蒸散量,mm/d;

K_c——作物系数,主要取决于作物种类、发育期和作物生长状况,本书采用FAO推荐的作物系数计算方法（Allen et al., 1998）。

在此基础上,利用实测的作物叶面积指数(LAI)将 ET_p 划分为 E_p 和 T_p,计算公式为(Simunek et al. , 2008):

$$T_p = (1 - e^{-k \cdot LAI}) ET_p \tag{5-56}$$

$$E_p = ET_p - T_p \tag{5-57}$$

式中　T_p——作物潜在蒸腾量,cm/d;

　　　　E_p——土壤潜在蒸发量,cm/d;

　　　　LAI——叶面积指数;

　　　　k——消光系数,取决于太阳角度、植被类型及叶片空间分布特征。

本书试验中,冬小麦的消光系数的经验值 k 取 0.438(Childs and Hanks,1975)。

(三)模型初始条件与边界条件

由于研究区地下水埋深(>5 m)较大,忽略地下水向上补给作用的影响,模型模拟深度取地表以下 100 cm,根据土壤特性分为两层(0~20 cm 和 20~100 cm),按 10 cm 等间隔剖分成 10 个单元。模型上边界条件采用已知通量的第二类边界条件,在作物试验期内逐日输入通过上边界的变量值,包括降水量、棵间蒸发量和植株冠层截留雨量(冬小麦冠层对降雨的截留作用与降雨量、LAI 有关,本书采用第四章冬小麦冠层降雨截留概念模型计算),由于冬小麦田间比较平整且表层导水率较大,即使有强度大的降雨发生也会很快入渗,因此地面径流暂忽略不计。下边界条件采用自由排水边界,选在土壤剖面 100 cm 土层处。模型模拟运算时间步长为 1 d。输出结果包括 0~100 cm 土体的水量平衡各项和土壤剖面中观测点的土壤水分变化。模拟时段从 2010 年 5 月 23 日至 2010 年 5 月 29 日,共 7 d。

求解土壤水分运动方程[式(5-45)]的初始条件和边界条件分别为

初始条件:

$$h(z,t) = h_0(z) \quad (t = 0) \tag{5-58}$$

上边界条件:

$$-K(h)\frac{\partial h}{\partial z} + K(h) = P(t) - E_s(t) - I_c(t) \quad (t > 0) \tag{5-59}$$

下边界条件:

$$h(z,0) = h_0(z) \quad (0 \leqslant z \leqslant Z) \tag{5-60}$$

式中　$P(t)$——边界降水量,cm/d;

　　　　$E_s(t)$——土壤蒸发量,cm/d;

　　　　$I_c(t)$——冠层截留量,cm/d;

　　　　Z——研究区域在 z 方向的伸展范围,cm。

(四)模型检验

模拟时段为 2010 年 5 月 23 日至 5 月 29 日(冬小麦灌浆期)。模拟降雨于 5 月 23 日进行,分别在两个试验小区依次模拟降雨强度 50 mm/h 和 100 mm/h,降雨历时各 1 h,即降雨量为 50 mm 和 100 mm。模型时段土壤 0~100 cm 土体内的土壤体积含水量实测值与模拟值对比见图 5-45 和图 5-46。

为了定量化评价模型的模拟效果,采用均方根误差(RMSE)和相对平均绝对误差(RMAE)来评价 HYDRUS-1D 模型模拟降雨蒸发条件下冬小麦根区土壤水分动态的拟合

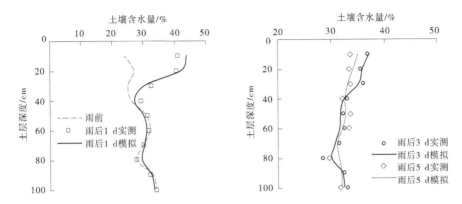

图 5-45　50 mm 降雨条件下冬小麦土壤含水量模拟值与实测值的比较

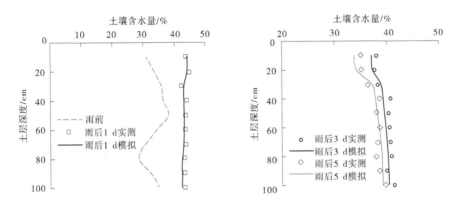

图 5-46　100 mm 降雨条件下冬小麦土壤含水量模拟值与实测值的比较

精度(Willmott,2005)。

$$RMSE = \sqrt{(P_i - O_i)^2} \tag{5-61}$$

$$RMAE = \frac{\dfrac{1}{N}\displaystyle\sum_{i=1}^{N}|P_i - O_i|}{\overline{O}} \times 100\% \tag{5-62}$$

式中　O_i——观测值;

　　　P_i——模拟值;

　　　$\overline{O}$——观测值平均数;

　　　N——模拟值与实测值比较的样本数。

　　模拟结果显示,50 mm 降雨条件下实测值与模拟值间的绝对误差的变化范围为 0.14~3.03(土壤体积含水量,V%),相对误差的变化范围为 0.45%~8.14%,RMSE 和 RMAE 的值分别为 0.012 和 2.87%;100 mm 降雨条件下实测值与模拟值间的绝对误差的变化范围为 0.23~1.38(土壤体积含水量,V%),相对误差的变化范围为 0.12%~3.68%,RMSE 和 RMAE 的值分别为 0.007 和 1.66%,以上分析表明,模拟结果基本反映出了冬小麦不同降雨条件下土壤水分的动态变化,具有较好的模拟精度(见图 5-47)。土壤表层的误差较大,其原因可能是表层受降雨、地表蒸发和根系吸水影响,土壤蒸发的变异较大。此外,根系密度模拟值与实际值的差异也是模拟误差的主要来源之一(高阳,2009)。

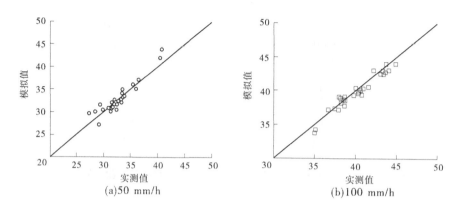

(a)50 mm/h　　　　　　　　　　　(b)100 mm/h

图 5-47　50 mm/h 和 100 mm/h 降雨强度下冬小麦土壤含水量模拟值与实测值的相关关系

模拟值与实测值的距离相关分析表明(以 Pearson 相关系数为距离),50 mm/h 和 100 mm/h 降雨条件下麦田 0~100 cm 土层的土壤含水量模拟值与实测值的相关系数分别为 0.938 7 和 0.970 3,均达到极显著水平,模拟效果较好。因此, HYDRUS-1D 模型能够较为准确地模拟麦田不同降雨条件下的土壤水分运动。

第四节　覆盖方式和降雨特性对麦田降雨利用的影响

在我国北方地区水资源日益紧缺,提高降水利用效率是该地区旱作农业稳产高产的基本保证。地面覆盖是抑制雨后蒸发、保墒蓄水的有效措施之一(林超文等,2010)。通过地面覆盖可有效改善土壤水分环境,促进作物生长(Leonard et al. , 2006;武继承等,2011),提高作物产量和水分利用效率(王兆伟等,2005)。地面覆盖已成为旱地农业的一项重要栽培技术措施。然而由于天然降雨的复杂多变性,人为难以预控,在短时间内不可能进行多次野外田间观测试验。因此,近年来国内外研究者多借助人工模拟降雨装置,对降雨进行有效控制,模拟不同类型的天然降雨(Leonard et al. , 2006),在人为控制条件下从事农田覆盖与降雨利用的相关研究(王晓燕等,2001;王育红等,2002;郑文杰等,2006;李毅等,2007;Poulenard et al. , 2001;Arnáez et al. , 2004),并取得了一定的进展,但众多学者利用模拟降雨对农田覆盖进行了诸多研究,主要集中在不同覆盖类型或覆盖量对降雨产流、入渗过程以及水土流失等方面的影响,针对地面覆盖条件下量化降雨转化土壤水分的研究鲜见报道,并未涉及不同降雨特性定量分析地膜、秸秆覆盖种植作物对降雨利用的影响研究。刘立晶等(2004)采用人工降雨的方法模拟 3 种不同降雨强度,对雨后秸秆覆盖地与裸地土壤含水量分布情况进行试验研究,但土壤水分测定仅局限在地表 0~20 cm 土层,且未考虑秸秆覆盖量和地膜覆盖影响。因此,针对上述情况,本书通过在人工模拟降雨条件下,在大田设置地膜覆盖(PM)、4 种秸秆覆盖(覆盖量分别为 1 500 kg/hm²、4 500 kg/hm²、7 500 kg/hm²、10 500 kg/hm²,即 SM15、SM45、SM75 和 SM105),同时设置无覆盖处理作为对照(CK),监测降雨前后各处理不同土层深度的土壤水分剖面变化特征,分析模拟降雨条件下冬小麦不同覆盖处理土壤蒸发、土壤水分变化及降雨入渗特性差异,研究不同降雨特性(40 mm/h 和 60 mm/h)、覆盖方式对冬小麦土壤水分变化规律的影响,探讨降雨特性、覆盖方式对冬小麦降雨利用的影响,以期为提高冬小麦农田自然降水的利用率,促进节水农业的发展提供基础理论依据。

一、模拟降雨条件下覆盖方式对冬小麦降水利用的影响

(一)不同覆盖方式对降雨后冬小麦棵间土壤累积蒸发量的影响

由图 5-48 可以看出,植株群体冠层结构对雨后蒸发量影响显著,同等降雨条件下,相同处理拔节期前蒸发量明显大于拔节期后的。分析认为,拔节前期,由于作物叶面积指数较小,有利于表层土壤对太阳辐射的吸收,增加了土壤蒸发能力;而拔节后期由于冬小麦处于营养生长阶段,随着叶面积的增加和到达地面的太阳辐射的减弱,减少了土壤水分的散失。另外,数据分析表明,模拟降雨结束后,累积蒸发量的上升趋势比较明显,不同处理之间虽有差异,但大体趋势表现一致。两个生育期土壤水分的累积蒸发量均表现为SM105<SM75<PM<SM45<SM15<CK。不同生育期覆盖处理对棵间蒸发抑制作用分析表明,土壤表面增加覆盖物可以有效降低土壤蒸发;随秸秆覆盖量的增加,土壤水分蒸发逐渐降低;拔节期前模拟降雨结束后连续 3 d 内,不同秸秆覆盖量处理 SM15、SM45、SM75 和 SM105 蒸发量比无覆盖处理(CK)的分别降低 22.56%、27.74%、43.60%和53.66%,覆膜处理(PM)土壤水分蒸发量比对照处理(CK)的降低 43.29%;拔节期后模拟降雨结束后连续 3 d 内,不同秸秆覆盖量处理 SM15、SM45、SM75 和 SM105 蒸发量比无覆盖处理(CK)的分别降低 8.80%、17.61%、26.79%和31.00%,PM 土壤水分蒸发量比对照处理(CK)的降低 28.23%。这表明,同一时间段内不同覆盖条件下的土壤水分蒸发差异明显,地膜覆盖和秸秆覆盖均具有较好的减小棵间蒸发的作用;拔节期后随着叶面积荫蔽作用,地面裸露减少,覆盖抑蒸效果减弱。

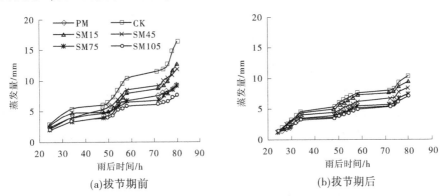

(a)拔节期前　　　　　　　　　　　　(b)拔节期后

图 5-48　拔节期前、后降雨后不同覆盖处理冬小麦棵间蒸发累积变化过程

(二)不同覆盖方式降雨后冬小麦棵间土壤日蒸发量变化规律

从图 5-49 可以看出,两个生育期同等降雨条件下,各处理平均土壤日蒸发量大小顺序:拔节期前(3.46 mm/d)>拔节期后(2.78 mm/d)。这是由于拔节期前 3 月气温和地温都已大幅度上升,太阳辐射开始增强,而叶面积和冠层覆盖度还比较小,所以棵间蒸发值

较大;拔节期后,由于冬小麦冠层覆盖增大,抵消不同处理间蒸发的差异,各处理日变化平缓且相近,日蒸发量变小。各处理在两个生育期土壤蒸发量日变化趋势一致,一天中棵间蒸发峰值均出现在 12:00~14:00 时间段内,此时正是一天中太阳辐射最强、气温最高的时间段;并且该时段也是处理棵间蒸发差异最大的时期;从 6 个处理可以看出,均是无覆盖处理(CK)棵间蒸发量最大,少覆盖量次之,多覆盖量最少。

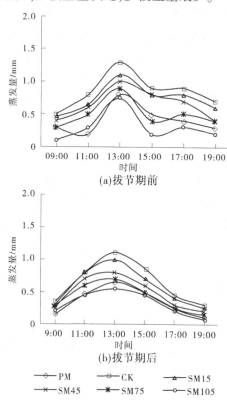

图 5-49　拔节期前、后降雨后不同覆盖处理冬小麦棵间蒸发日变化过程

(三)降雨后不同覆盖方式对麦田土壤水分的影响

图 5-50 和图 5-51 为冬小麦拔节期前、后 2 次模拟降雨后不同覆盖条件下不同土层深度土壤含水量随时间变化过程。通过测定不同土层深度土壤含水量变化,可以比较不同处理对降雨入渗及土壤水分再分布的影响。由图 5-50、图 5-51 可以看出,各处理因降雨和自然条件下的蒸散而引发的土壤含水量波动趋势是基本一致的。次降雨后提高了土壤含水量,但由于冬小麦蒸散作用,土壤含水量在持续减小,即不同覆盖处理条件下,不同土层深度土壤水分随时间的变化基本都呈"增加—下降"的趋势;各时期不同覆盖处理 0~100 cm 土层含水量均表现出 1 d>2 d>3 d。土壤表层在整个降雨过程中呈现由低到迅速升高再到迅速降低的变化,这种剧烈变化主要发生在表层 0~10 cm,土壤基本处于脱水过程;同时表层水分在接受降雨后,土壤水分含量迅速升高,下层水分较低,水分在水势梯度下发生雨后水分垂直向下再分布过程,表土层以下土壤水分表现出先增加后降低的趋势,随着土层深度的增加,土壤水分增加程度逐渐减小,持续时间也越来越长,随后受根系吸

水作用,土壤水分又逐渐降低,并且随着深度的增加,这种变化在时间上具有一定程度的延迟。冬小麦进入拔节期后,受植株冠层降雨截留量增大的影响,其降雨入渗量减少,在60 cm以下深度土壤含水量基本无增加、减小的变化。

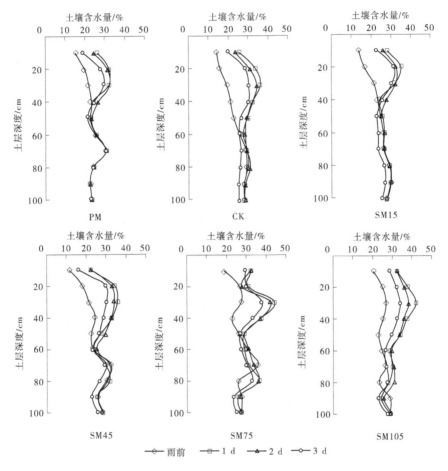

图 5-50　拔节期前降雨后麦田不同覆盖处理土壤水分动态变化

　　试验结果表明,供试秸秆覆盖物和地膜具有良好的保墒作用,模拟降雨后,特别是表层(0~10 cm)土壤含水量明显比对照处理(CK)的平均高 24.60%;而在 10~100 cm 土层,地膜覆盖处理(PM)与其他处理之间土壤含水量的差异明显,各处理间以 PM 处理的相对较低。另外,CK 处理由于强烈的地表蒸发,表层(0~10 cm)土壤含水量明显低于下层(10~100 cm)的,减少 29.99%。相比较而言,两个生育期,0~100 cm 土层水分含量均以 SM105 的最高,SM75 的略低于 SM105 的,但土壤剖面水分变化趋势基本一致;SM15 与 CK 处理土壤水分垂直变化趋势也同样接近。冬小麦相同覆盖处理不同生育期土壤水分含量及其垂直分布也有所差异。同一覆盖处理 0~100 cm 平均土壤含水量在拔节期后(见图 5-51)显著低于拔节期前(图 5-50),PM、CK、SM15、SM45、SM75 和 SM105 处理的分别下降 4.97%、9.21%、2.51%、3.28%、9.27% 和 14.56%,其主要原因是冬小麦拔节期后冠层降雨截留量较大,减少了降雨入渗量,同时,该阶段冬小麦耗水量远远大于拔节期前

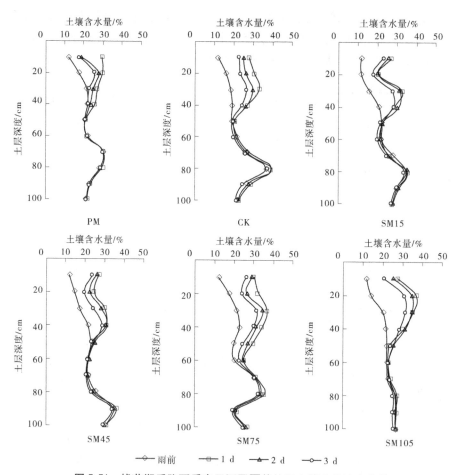

图 5-51　拔节期后降雨后麦田不同覆盖处理土壤水分动态变化

的,对土壤水分的消耗强度也大。

(四)不同覆盖方式对降雨土壤蓄积量的影响

通过对土壤各层次水分比较,能够更直观地进行降雨土壤蓄积量的分析,分别讨论冬小麦拔节期前、后 0~60 cm 和 60~100 cm 土层 3 d 内降雨土壤蓄积量变化。由图 5-52、图 5-53 可以看出,两个生育期不同覆盖处理间 0~60 cm 土层降雨土壤蓄积量均表现出雨后 1 d 最大,随时间延长降雨土壤蓄积量下降,表现为 1 d>2 d>3 d。秸秆覆盖量越大,次降雨后土壤中雨水蓄积量越大,雨后 1 d 地膜覆盖处理(PM)的降雨土壤蓄积量最小。由于冬小麦拔节期后群体冠层结构大于拔节期前的,造成植株冠层降雨截留量增加,相同处理同等降雨条件下,各土层拔节期后的降雨土壤蓄积量明显低于拔节期前的。拔节期前 SM15、SM45、SM75、SM105 和 CK 在 0~60 cm 土层降雨土壤蓄积量分别为 49.08 mm、49.14 mm、51.83 mm、54.80 mm、45.90 mm,较 PM 的分别提高 27.71%、27.87%、34.87%、42.60%和 19.44%。雨后 2 d 和 3 d 在 0~60 cm 土层降雨土壤蓄积量变化规律与雨后 1 d 的相似,PM 的最小,分别为 35.40 mm、29.73 mm;SM105 最大,分别为 52.70 mm、48.47 mm。同样,拔节期后 SM15、SM45、SM75、SM105 和 CK 在 0~60 cm 土层降雨土壤蓄积量分别为 38.46 mm、43.16 mm、45.76 mm、49.20 mm、38.24 mm,较 PM 的分别提高 7.61%、20.76%、28.04%、37.66% 和 6.99%。雨后 2 d 和 3 d 在 0~60 cm 土层降雨土壤蓄积量变化规律与雨后 1 d 的相似,PM 的最小,分别为 31.30 mm、27.30 mm;SM105 的最大,分别为 45.68 mm、40.97 mm。已有研究表明,秸秆覆盖处理土壤结构开始变化,植被根系开始加深,增渗作用明显提高(逄焕成等,1999;张树兰等,2005),因此秸秆处理有利于次降雨后 0~60 cm 土壤降雨补给量的提高。降雨结束后水分在土壤中再分配。一方面是土壤含水量因冬小麦蒸散的作用而减小,另一方面是一部分水分由于水势差的存在继续补给下层土壤水分。60~100 cm 土层降雨土壤蓄积量 1~3 d 表现为先增大后减小的过程。降雨后 1~2 d 在土壤水分再分配的影响下 60~100 cm 土层贮水量增加;2~3 d 该层次土壤水分略微损失。不同覆盖处理雨后不同时间 60~100 cm 土层降雨土壤蓄积量 2.33~5.90 mm,远低于 0~60 cm 土层降雨土壤蓄积量。

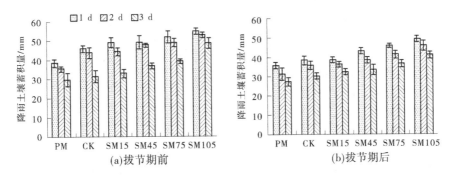

图 5-52　拔节期前、后降雨后不同覆盖处理 0~60 cm 土层降雨土壤蓄积量变化

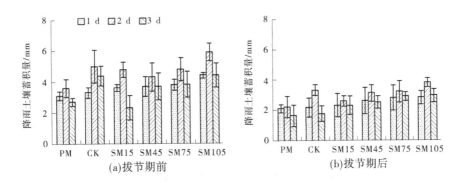

图 5-53　拔节期前、后降雨后不同覆盖处理 60~100 cm 土层降雨土壤蓄积量变化

二、不同覆盖方式下降雨特性对麦田土壤水分的影响

(一) 覆盖方式对雨前麦田土壤水分的影响

由表 5-20 可知,各种覆盖条件下各土层土壤含水量存在差异。地膜、秸秆覆盖处理与对照处理(CK)平均土壤含水量差异主要体现在 0~20 cm 土层,降雨前,两次土壤初始含水量测定结果显示,SM105、SM75 的 0~20 cm 土层土壤含水量分别与 CK 间存在显著差异($p<0.05$),其他覆盖处理(PM、SM15 和 SM45)与 CK 间差异不显著,这说明秸秆覆

盖量大于 7 500 kg/hm² 时才会对土壤表层水分产生显著影响。不同覆盖量处理之间,0~
20 cm 土层土壤含水量随覆盖量增加而增大,即 SM105>SM75>SM45>SM15,SM105 与各
覆盖处理间存在显著差异(p<0.05)。20 cm 以下土层的土壤含水量受覆盖影响较小,差
异不明显。拔节期前,SM105 的 20~60 cm 土层土壤含水量与其他处理间差异均达到显
著水平;拔节期后 20~60 cm 土层不同处理间的土壤含水量无显著性差异,这可能是拔节
期后由于冬小麦冠层覆盖度增大,抵消了不同处理间的覆盖影响差异。

表 5-20　不同时期和覆盖方式下麦田降雨前土壤初始含水量

生育期	土层/cm	不同覆盖方式下麦田降雨前土壤初始含水量(体积百分比/%)					
		PM	SM15	SM45	SM75	SM105	CK
拔节期前	0~10	20.61±1.27 bc	19.21±1.28 cd	19.44±0.95 cd	21.30±0.97 b	24.44±1.34 a	18.41±0.24 d
	10~20	21.29±1.05 bc	20.02±1.08 c	21.75±0.26 b	22.19±1.03 b	25.38±0.89 a	20.22±0.23 c
	20~30	21.51±0.74 bc	20.24±1.58 c	21.78±0.43 b	21.74±0.53 b	23.98±1.15 a	20.83±0.77 bc
	30~40	22.42±1.20 bc	22.61±1.07 ab	22.03±0.46 bc	21.68±0.24 bc	23.64±0.82 a	21.40±0.31 c
	40~50	24.45±1.36 a	23.77±1.77 ab	23.22±0.36 ab	22.45±0.41 b	24.17±0.69 a	22.34±0.43 b
	50~60	24.99±1.23 a	25.27±1.81 a	24.92±0.93 a	23.03±1.08 b	25.06±0.62 a	23.29±0.22 b
	平均	22.55±0.95 b	21.86±0.97 bc	22.19±0.23 bc	22.06±0.43 bc	24.44±0.57 a	21.09±0.28 c
拔节期后	0~10	16.89±1.98 bc	16.23±2.43 bc	16.81±1.63 bc	18.44±3.40 b	19.80±1.97 a	15.36±1.55 c
	10~20	18.60±2.07 bc	18.85±2.67 bc	19.60±1.53 bc	20.80±2.74 b	23.42±2.78 a	17.69±1.24 c
	20~30	18.71±1.31 c	19.22±2.11 bc	19.20±0.96 bc	20.51±1.81 ab	21.48±1.88 a	18.82±1.15 bc
	30~40	19.76±1.31 bc	19.14±2.15 c	19.67±0.96 bc	20.64±0.72 ab	21.49±1.39 a	19.45±1.00 bc
	40~50	20.97±1.39 ab	20.84±1.05 ab	21.45±1.08 ab	21.26±0.76 ab	22.05±1.13 a	20.72±1.12 b
	50~60	21.78±1.22 a	22.52±1.39 a	22.99±1.03 a	23.10±1.85 a	22.98±1.34 a	22.55±1.55 a
	平均	19.45±1.35 bc	19.47±1.65 bc	19.95±0.97 bc	20.79±1.53 ab	21.87±1.70 a	19.10±1.07 c

注:同一行内数据后完全不同字母分别表示在 0.05 水平上差异显著(数据为平均值±标准差,重复数 n=3);多重比
较采用 Duncan 新极复差法,下同。

在不同测定时期,CK 的 0~60 cm 土层土壤平均含水量均最低。拔节期前,SM15、
SM45、SM75 和 SM105 的 0~60 cm 土层土壤含水量较 CK 分别提高 2.01%、3.57%、
2.99% 和 14.07%,且 SM105 与 CK 间的差异达到显著水平(p<0.05);PM 处理 0~60 cm
土层土壤含水量较 CK 提高 5.22%,两者差异达到显著水平(p<0.05)。拔节期后,SM15、
SM45、SM75 和 SM105 的 0~60 cm 土层土壤含水量较 CK 分别提高 0.98%、3.51%、
7.86% 和 13.44%,且 SM105、SM75 与 CK 间的差异分别达到显著水平(p<0.05);PM 的
0~60 cm 土层土壤含水量较 CK 提高 0.91%,两者差异不显著。

(二)降雨特性对麦田土壤含水量垂直空间变化的影响

从图 5-54 和图 5-55 可以看出,两个生育期模拟降雨试验结果呈现相似规律。不同降
雨强度下土壤水分布曲线基本相同,表现为表层土壤含水量急剧增加,土层越深,变化幅
度越小。降雨强度不同,土壤入渗水量也不同,对土壤水分再分布过程也会产生一定影
响。降雨强度越大,土壤水分再分布影响的土层就越深。60 mm/h 降雨强度下 0~60 cm
土层内土壤含水量都有较大变化;40 mm/h 降雨强度下土壤水变化主要发生在 0~40 cm
土层,40~60 cm 以下土层变化较小。两种降雨强度下,0~60 cm 土层平均土壤含水量较

前期土壤初始含水量增幅差异明显;PM、SM15、SM45、SM75、SM105 和 CK 在 60 mm/h 降雨强度下,两个生育期平均分别增加 43.85%、49.55%、49.60%、52.29%、46.38%、51.50%,而在 40 mm/h 降雨强度下,两个生育期平均分别增加 25.62%、31.34%、33.53%、35.66%、34.52%、34.62%。

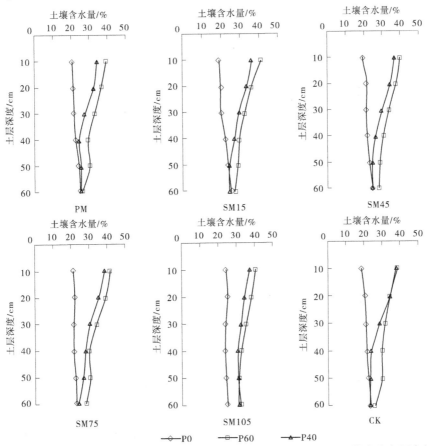

图 5-54 拔节期前不同覆盖处理 40 mm/h 和 60 mm/h 降雨强度下土壤水分空间变化

(三)覆盖方式对麦田土壤水分变化的影响

试验结果表明,不同时期模拟降雨冬小麦不同覆盖条件下各土层深度土壤含水量的变化规律基本一致,同种降雨强度下,不同覆盖处理可以不同程度地增加耕层土壤含水量,秸秆覆盖量越大,其增加效果越明显。

由图 5-54 可知,在冬小麦拔节前,40 mm/h 降雨强度下,SM105 的 0~60 cm 各土层土壤含水量均有大幅度增加,与土壤初始含水量相比,两者差异达到显著水平($p<0.05$);SM75 除 50~60 cm 土层土壤含水量降雨前后差异不显著外,其他土层差异均达到显著水平($p<0.05$);其他处理 0~40 cm 土壤含水量降雨前后差异达到显著水平($p<0.05$),40~60 cm 土层土壤含水量都很稳定,基本上未得到上层土壤的降雨入渗补给,差异不显著。60 mm/h 降雨强度下,SM105、SM75、SM45 和 CK 的 0~60 cm 各土层土壤含水量均有大幅度增加,与土壤初始含水量相比,两者差异达到显著水平($p<0.05$);PM 和 SM15 的 0~50 cm 土层土壤含

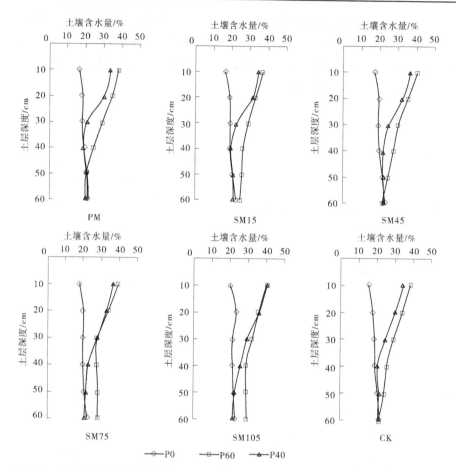

图 5-55　拔节期后不同覆盖处理 40 mm/h 和 60 mm/h 降雨强度下土壤水分空间变化

水量降雨前后差异达到显著水平($p<0.05$),50~60 cm 土层土壤含水量差异不显著。

由图 5-55 可知,在冬小麦拔节期后,40 mm/h 降雨强度下,SM75 和 SM105 的 0~40 cm 各土层土壤含水量均有大幅度增加,与土壤初始含水量相比,两者差异达到显著水平($p<0.05$),40~60 cm 土层土壤含水量变化差异不显著;其他处理 0~30 cm 土层土壤含水量降雨前后差异达到显著水平($p<0.05$),30~60 cm 土层土壤含水量差异不显著。60 mm/h 降雨强度下,SM105、SM75 和 SM45 的 0~60 cm 各土层土壤含水量均有大幅度增加,与土壤初始含水量相比,两者差异达到显著水平($p<0.05$);SM15 和 CK 的 0~40 cm 土层土壤含水量降雨前后差异达到显著水平($p<0.05$),50~60 cm 土层土壤含水量差异不显著;PM 仅在 0~40 cm 土层土壤含水量降雨前后差异达到显著水平($p<0.05$),其他土层土壤含水量差异不显著,这表明地膜覆盖由于其透水性较差,在一定程度上阻断了土-气界面不断地进行水分传输,因此其土壤含水量变化相对较小。另外,该阶段在 30 cm 土层以下,个别处理土壤含水量出现不同程度小幅减少,这可能是由于冬小麦植株正处于营养与生殖并进阶段,根系吸收水分较大,冬小麦此阶段耗水量大,因而造成土壤水分减少。

(四)不同降雨强度下各覆盖处理降雨土壤蓄积量

表 5-21 和表 5-22 分别为拔节期前、后不同覆盖处理 40 mm/h 和 60mm/h 降雨强度

下麦田降雨土壤蓄积量。由表 5-21 和表 5-22 可知,相同降雨历时,降雨强度越大,降雨量越多,转化成土壤水就越多。60 mm/h 降雨强度下,拔节期前、后各处理平均 0~60 cm 土层分别有 48.81 mm 和 43.67 mm 降雨转化为土壤水;40 mm/h 降雨强度下,拔节期前、后各处理平均 0~60 cm 土层分别有 33.57 mm 和 28.21 mm 降雨转化为土壤水。同等降雨下,不同覆盖方式 0~60 cm 土层降雨土壤蓄积量有着显著性差异。两种雨强条件下,覆盖秸秆能显著增加土壤的降雨入渗量,0~60 cm 土层降雨土壤蓄积量规律两个生育期表现一致,即 SM105>SM75>SM45>SM15>CK>PM,SM105 和 SM75 间无差异,SM45、SM15 和 CK 间无差异,但 SM105 和 SM75 均显著高于 SM45、SM15 和 CK($p<0.05$),而 PM 相对于 CK 差异显著($p<0.05$)。

表 5-21　拔节期前不同覆盖处理 40 mm/h 和 60 mm/h 降雨强度下麦田降雨土壤蓄积量

雨强/(mm/h)	土层/cm	不同覆盖处理下麦田降雨土壤蓄积量/mm			
		PM	SM15	SM45	CK
40	0~10	11.15±1.58 a	12.50±1.40 a	13.21±0.70 a	12.25±1.36 a
	10~20	8.43±2.41 a	10.18±0.53 a	9.67±1.26 a	10.50±1.36 a
	20~30	4.48±1.13 b	6.81±1.30 a	6.17±1.06 ab	6.00±0.15 ab
	30~40	1.53±0.33 c	3.41±0.56 b	3.27±0.85 b	2.82±0.96 c
	40~50	0.70±0.47 c	0.53±0.45 c	1.16±1.07 c	0.52±0.49 c
	50~60	0.27±0.16 bc	-0.66±0.50 c	0.01±0.48 bc	-0.24±0.50 bc
60	0~10	13.86±0.37 ab	16.11±2.28 a	15.33±0.80 a	15.14±0.14 a
	10~20	11.43±0.23 abc	11.96±1.64 ab	11.95±0.77 ab	10.45±0.47 bc
	20~30	8.52±0.52 a	9.07±0.76 a	9.20±0.80 a	8.14±0.82 a
	30~40	5.14±0.94 b	5.23±0.39 b	6.62±0.42 a	6.15±0.39 ab
	40~50	4.21±0.37 bc	3.78±0.59 c	4.43±0.61 bc	5.61±0.59 a
	50~60	0.91±0.31 d	1.26±0.57 d	2.45±0.59 c	1.95±0.98 cd

表 5-22　拔节期后不同覆盖处理 40 mm/h 和 60 mm/h 降雨强度下麦田降雨土壤蓄积量

雨强/(mm/h)	土层/cm	不同覆盖处理下麦田降雨土壤蓄积量/mm					
		PM	SM15	SM45	SM75	SM105	CK
40	0~10	12.41±0.37 a	13.61±2.00 a	14.20±1.53 a	13.67±1.14 a	14.91±1.78 a	14.38±0.13 a
	10~20	8.62±1.13 a	9.38±1.54 a	9.43±0.93 a	9.34±0.63 a	9.38±0.61 a	9.38±0.03 a
	20~30	1.82±1.25 c	4.64±0.94 ab	4.46±1.98 ab	5.77±1.55 a	6.09±0.73 a	4.58±0.26 ab
	30~40	-0.47±0.07 c	0.25±1.52 bc	1.57±2.55 abc	2.12±0.49 ab	3.34±0.62 a	0.96±0.47 bc
	40~50	0.13±0.28 a	-0.19±1.12 a	0.32±0.26 a	0.71±0.37 a	0.43±1.26 a	0.46±0.61 a
	50~60	-0.27±0.49 a	-0.66±0.67 a	-0.60±0.17 a	-1.22±0.94 a	-0.92±1.09 a	-0.75±0.45 a
60	0~10	15.69±0.95 ab	15.42±1.30 b	17.21±0.71 a	15.89±0.48 ab	15.20±0.35 b	17.22±1.25 a
	10~20	11.78±1.43 ab	10.49±1.73 ab	11.39±0.98 ab	10.08±0.41 bc	9.12±0.51 c	12.49±1.63 a
	20~30	7.81±1.18 a	7.26±0.26 ab	7.78±1.20 a	5.79±1.16 b	7.91±0.88 a	7.84±0.73 a
	30~40	3.57±1.28 b	5.24±0.92 a	5.65±0.71 a	5.38±0.48 a	5.41±1.36 a	4.82±0.62 ab
	40~50	-0.12±0.69 d	3.54±0.95 b	2.24±0.58 c	5.62±0.26 a	5.12±0.89 a	2.87±0.37 bc
	50~60	-0.94±0.85 c	1.56±1.17 bc	-1.25±1.22 c	4.00±0.52 ab	4.75±0.37 a	-0.78±3.46 c

不同土层各覆盖处理间降雨蓄积量存在差异。在 40 mm/h 降雨强度下,0~20 cm 土层各覆盖处理间差异不显著,PM 和秸秆覆盖处理中出现降雨土壤蓄积量小于 CK,主要是由于覆盖处理雨前土壤初始含水量较高,造成该土层土壤库容变小;20~30 cm 土层秸秆覆盖处理降雨土壤蓄积量与 CK 间差异不显著,而 PM 和 CK 差异达到显著水平($p<0.05$);当在 30 cm 土层以下时,PM 降雨土壤蓄积量最小,与 CK 差异不显著,拔节期前不同秸秆覆盖处理 30~50 cm 土层降雨土壤蓄积量增加明显,SM15、SM45、SM75 和 SM105 较 CK 分别增加 17.96%、32.63%、134.13% 和 182.63%,其中 SM75、SM105 和 CK 间差异均达到显著水平($p<0.05$),50~60 cm 土层降雨入渗量减少,除 SM105 和 CK 间的土壤蓄积量差异显著外($p<0.05$),其他处理与 CK 差异均不显著;拔节期后不同秸秆覆盖处理 30~60 cm 土层降雨土壤蓄积量增加不明显,除在 30~40 cm 土层 SM105 与 CK 间差异达到显著水平($p<0.05$)外,其他处理在该土层与 CK 差异均不显著,并且 40 cm 以下各覆盖处理间的差异均不明显。

在 60 mm/h 降雨强度下,0~20 cm 土层受土壤初始含水量影响明显,SM105 土壤初始含水量较高,土壤库容相对小,其降雨土壤蓄积量明显低于 CK($p<0.05$);20~40 cm 土层各覆盖处理降雨土壤蓄积量与 CK 相比差异不明显;40 cm 土层以下,拔节期前 40~50 cm 土层 SM75、SM105 降雨土壤蓄积量与 CK 相比差异不显著,其他处理与 CK 间差异显著($p<0.05$),50~60 cm 土层 SM75、SM105 降雨土壤蓄积量与 CK 相比差异显著($p<0.05$),其他处理与 CK 间差异不显著;拔节期后 40~50 cm 土层 PM、SM75、SM105 降雨土壤蓄积量与 CK 相比差异显著($p<0.05$),其他处理与 CK 间差异不显著,50~60 cm 土层 SM75、SM105 降雨土壤蓄积量与 CK 相比差异显著($p<0.05$),其他处理与 CK 间差异不显著。

(五)生育期对各处理降雨土壤蓄积量的影响

同等降雨条件下,同一覆盖处理拔节期前、后降雨土壤蓄积量差异主要是由植株冠层降雨截留不同造成的。拔节期前植株较小,植株覆盖度小,降雨截留量小;拔节期后由于植株展开度较好,植株的附着水分能力增加,拦截雨量能力要高于拔节期前,雨量中会有一部分通过植被冠层蒸发损失,从而减少降雨入渗量。由图 5-56 可以看出,40 mm/h 降雨强度下,拔节期后 PM、SM15、SM45、SM75、SM105 和 CK 的 0~60 cm 降雨土壤蓄积量分别比拔节期前各处理减少 13.05%、25.13%、23.93%、19.53%、12.22% 和 12.56%,其中各处理两个生育期间差异均达到显著水平($p<0.05$);60 mm/h 降雨强度下,拔节期后 PM、SM15、SM45、SM75、SM105 和 CK 的 0~60 cm 降雨土壤蓄积量分别比拔节期前各处理减少 14.25%、10.86%、11.92%、11.70%、5.15% 和 7.36%,其中 SM105、CK 两个生育期间差异不显著,其他处理两个生育期间差异显著($p<0.05$)。降雨特性对入渗是起决定作用的,但是植株冠层的增加会影响雨强的作用效果,40 mm/h 降雨强度下各处理拔节期前、后降雨土壤蓄积量变化幅度明显大于 60 mm/h 降雨强度的,这表明雨强越小,其受植株冠层覆盖影响越明显,冠层降雨截留损失相对较大。

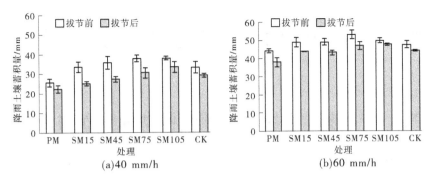

(a)40 mm/h　　　　　　　　(b)60 mm/h

图 5-56　拔节期前、后不同覆盖处理 40 mm/h 和 60 mm/h 降雨强度下 0~60 cm 土层降雨土壤蓄积量

第六章　农田墒情预测模型的应用与验证

第一节　多种土壤墒情预测模型的建立与比较

目前,土壤墒情预报模型主要包括三种模型:系统模型(BP 神经网络模型)、概念模型(水量平衡模型)和机制模型(土壤水动力学模型)。

一、系统模型(BP 神经网络模型)

系统模型主要采用数学统计的方法来建立模型。它不考虑模型中各个因素或因子的物理意义或化学意义,通过收集和获得与模型相关的输入和输出以及影响因素的大量的历史数据,然后分析和输出与影响因素之间的关系。就土壤墒情预报模型来说,它不着重考虑土壤水分动态变化的机制,而是分析土壤水分变化和其主要影响因素之间的关系。神经网络具有自学习、自适应和自组织等特性,在系统预测和优化、模式识别以及数据挖掘等领域得到广泛的应用。在目前所有的人工神经网络中,BP 网络是应用最为广泛的。由于土壤墒情与其影响因素之间存在非常复杂的非线性关系,BP 算法因为具有强大的非线性映射能力,非常适合建立土壤墒情预报模型。本书拟基于 BP 算法来研究土壤墒情预报。

利用 DPS12.01 软件运算建模。试验过程:采用当前土壤 0~20 cm、20~40 cm、40~60 cm、60~80 cm 和 80~100 cm 土层土壤含水量作为输入变量,以 10 d 后的 0~100 cm 平均土壤含水量作为输出,训练样本数为 55,测试样本数为 6,数据来源于 2012~2014 年冬小麦生育期 SWR-4 型管式土壤水分测定仪监测结果。隐含层转移函数为 sigmoid,输出层转移函数为 purelin,训练算法为 trainlm,隐含网络层数 1 层,输入层节点数 5 个,最小训练速率 0.1,动态参数设置 0.6,参数 sigmoid 为 0.9,允许误差 0.000 1,最大迭代次数为 1 000 次。

在本试验中,输入数据和输出数据均为土壤含水量,范围为 0~50%,采用标准化预处理,使数据变换到[-1,1],其计算公式如下:

$$\bar{x}_i = \frac{x_i - x_{\min}}{x_{\max} - x_{\min}} \tag{6-1}$$

式中　$\bar{x}_i$——标准化后的数据;

　　　x_i——输入数据和输出数据;

　　　$x_{\min}$——输入数据和输出数据变换范围的最小值;

　　　$x_{\max}$——输入数据和输出数据变换范围的最大值。

　　学习样本的拟合值和实际观测值,以及根据 BP 神经网络对麦田土壤墒情进行预测的结果与实测值的比较列于表 6-1。结果表明,应用 BP 神经网络进行麦田土壤墒情预测,不仅历史资料的拟合程度高(拟合残差 = 0.049 94),而且 2014 年试报的结果与实际也相差不大,平均绝对误差和相对误差分别为 1.8% 和 12.6%。

表 6-1　神经元网络训练结果及试报结果

样本序号	1	2	3	4	5	6	7	8	9	10
实测值	31.1	32.4	32.2	31.2	29.4	26.8	20.8	20.9	18.8	30.6
训练输出值	29.1	29.8	30.0	28.3	27.5	25.5	23.6	18.3	19.1	30.3
样本序号	11	12	13	14	15	16	17	18	19	20
实测值	17.4	26.5	28.1	26.9	26.2	25.3	24.6	24.1	21.8	22.6
训练输出值	17.4	27.3	28.2	28.4	26.6	25.6	24.4	23.5	19.2	22.5
样本序号	21	22	23	24	25	26	27	28	29	30
实测值	19.7	17.1	16.2	31.2	32.2	30.3	29.3	27.9	26.9	26.1
训练输出值	21.9	17.1	17.8	29.8	29.6	30.0	29.3	28.7	27.8	26.9
样本序号	31	32	33	34	35	36	37	38	39	40
实测值	19.9	20.7	19.3	18.0	17.6	18.3	26.7	26.7	26.6	26.6
训练输出值	21.1	19.0	20.1	18.5	17.7	17.4	26.0	25.9	26.0	25.9
样本序号	41	42	43	44	45	46	47	48	49	50
实测值	26.4	26.6	29.2	27.1	25.4	21.1	19.9	22.2	25.2	25.3
训练输出值	26.0	26.0	30.2	28.8	26.4	22.0	19.6	19.4	25.3	25.2
样本序号	51	52	53	54	55					
实测值	25.3	25.5	25.5	31.2	27.9					
训练输出值	25.4	25.4	25.6	30.5	29.0					

样本序号	56[*]	57[*]	58[*]	59[*]	60[*]	61[*]			
实测值	11.8	24.7	18.8	15.1	16.0	18.3			
训练输出值	16.7	24.8	20.3	17.1	17.8	18.5			

注：* 表示样本序号 56~61 为试报结果。

二、概念模型（水量平衡模型）

概念模型是指土壤水量平衡模型，反映了作物根系层水分变化和水分收、支之间的关系。利用土壤计划湿润层内的含水量为研究对象，建立水量平衡方程，结合实时预报的作物和气象信息完成对土壤含水量的预测。水量平衡方程可以表示为

$$W_i = W_0 + W_{ri} + P_{ei} + I_i - ET_{ci} + G_i - R_i \tag{6-2}$$

式中　W_0、W_i——时段初和任一时间 i 的土壤计划湿润层内的含水量，mm；

W_{ri}——时段内由于计划湿润层增加而增加的水量，mm；

I_i——时段内的灌水量，mm；

P_{ei}——时段内的有效降雨量，mm；

ET_{ci}——时段内作物的耗水量，mm，可通过构建的模型预测；

R_i——地面径流量，mm；

G_i——地下水补给量，mm。

（一）模型参数的确定

1. 径流量

由于试区冬小麦生育期内的降水量不大，不产生径流，因此不考虑地表径流，即 $R = 0$。

2. 地下水补给

试区地下水埋深也基本处在 5 m 以下，超过黏土的极限埋深，故地下水对作物的影响也可以忽略不计，即 $G = 0$。

3. 有效降雨量

冬小麦生育期降雨次数及次降雨量一般较小，因此可认为降雨量全部有效。

4. 灌溉量

冬小麦生育期灌溉用水量通过试区量水堰、水表等计量设施设备确定。

5. 作物耗水量

采用目前最常用的作物系数法，即通过某时段（i）的参考作物需水量（ET_{0i}）、作物系数 K_{ci} 和水分胁迫因子 K_{wi} 确定某种具体作物的耗水量 ET_{ci}，其具体表达式如下：

$$ET_{ci} = K_{wi} \cdot K_{ci} \cdot ET_{0i} \tag{6-3}$$

其中，ET_{0i} 选用基于天气预报信息（最高和最低气温）的修正 Hargreaves 公式。

$$ET_0(HG3) = 0.001 \frac{1}{\lambda} (T_{max} - T_{min})^{0.595} \left(\frac{T_{max} + T_{min}}{2} + 25.801 \right) R_a \tag{6-4}$$

作物系数 K_{ci} 和水分胁迫因子 K_{wi} 计算公式如下:

$$K_{ci} = 0.14 \cdot \frac{b \cdot \mathrm{LAI}_{max}}{1 + \exp(\sum\limits_{j=0}^{n} a_j x^j)} + 0.391\,8 \tag{6-5}$$

$$K_{wi} = \begin{cases} 1 & \theta \geqslant \theta_j \\ \dfrac{\theta - \theta_{wp}}{\theta_j - \theta_{wp}} = \dfrac{\theta - \theta_{wp}}{(1-p)(\theta_{fc} - \theta_{wp})} & \theta_{wp} < \theta < \theta_j \end{cases} \tag{6-6}$$

式中 LAI_{max}——最大叶面积指数;

x——LAI;

θ_{fc}——根系层土壤平均田间持水量(占干土重的百分比,%);

θ_{wp}——凋萎点土壤含水量(占干土重的百分比,%);

θ——时段初作物根系层的平均土壤含水量;

p——发生水分胁迫之前根系中所消耗水量与土壤总有效水量的比值(无量纲),
是由作物种类和土壤性质决定的,并随作物生长阶段的发展而变化,变化范围为 0.3~0.7。

因此,式(6-2)可以简化为

$$W_i = W_0 + W_{ri} + P_{ei} + I_i - \mathrm{ET}_{ci} \tag{6-7}$$

(二)模型验证

2013~2014 年广利灌区冬小麦生长季 30 个数据监测点利用上述软件模拟并结合实测数据,对模型土壤墒情预报误差进行了分析,结果表明,广利灌区冬小麦整个生育期平均最大绝对误差 2.1%(中沟渠)、最小绝对误差 0.7%(感化),30 个数据监测点平均绝对误差 1.3%;广利灌区冬小麦整个生育期平均最大相对误差 11.1%(周家庄)、最小相对误差 3.5%(感化),30 个数据监测点平均相对误差 6.8%(见图 6-1)。预测结果满足精度要求。

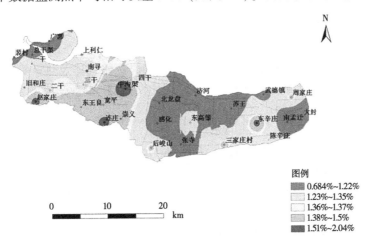

(a)广利灌区小麦土壤墒情预测绝对误差空间分布(2013~2014年)

图 6-1 广利灌区小麦生育期土壤墒情预测结果误差分布图

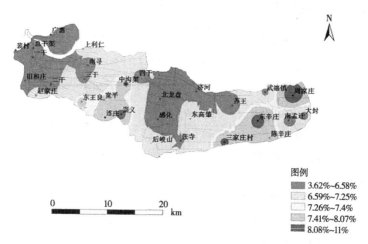

(b)广利灌区小麦土壤墒情预测相对误差空间分布(2013~2014年)

续图6-1

三、机制模型(土壤水动力学模型)

机制模型主要是指土壤水动力学模型。如果考虑土壤各向同性、固相骨架不变形和土壤水分不可压缩,三维 Richards 方程可表示为

$$\frac{\partial \theta}{\partial t} = \frac{\partial}{\partial x}\left[K(\psi)\frac{\partial \psi}{\partial x}\right] + \frac{\partial}{\partial y}\left[K(\psi)\frac{\partial \psi}{\partial y}\right] + \frac{\partial}{\partial z}\left[K(\psi)\frac{\partial \psi}{\partial z}\right] - \frac{\partial K(\psi)}{\partial z} \tag{6-8}$$

式中　θ——土壤含水量;

　　　ψ——基质势;

　　　$K(\psi)$——土壤非饱和导水率;

　　　t——时间;

　　　x、y——水平方向空间坐标;

　　　z——垂直方向空间坐标。

本书采用忽略了土壤水分的水平与侧向运动,同时忽略气体及热量等对土壤水流运动的影响,试验区包气带中的土壤水分运移以垂向运动为主,其数学模型为

$$\frac{\partial \theta}{\partial t} = \frac{\partial}{\partial z}\left[K\left(\frac{\partial h}{\partial z} + \cos\alpha\right)\right] - S(z,t) \tag{6-9}$$

$$K(h,z) = K_s(z)K_r(h,z) \tag{6-10}$$

式中　θ——土壤含水量(体积百分比,%);

　　　K——土壤非饱和导水率,cm/d,在饱和土壤中,其值与渗透系数相同;

　　　$S(z,t)$——t 时刻 z 深度处根系吸水速率,cm³/(cm³·d);

　　　α——土壤水流方向与垂直方向的夹角,本书中取 $\alpha = 0°$;

　　　h——土壤水势,cm;

　　　t——时间,d;

　　　z——土壤深度,cm;

K_r——土壤相对水力传导度；

K_s——土壤饱和导水率，cm/d。

(一)模型参数确定

1. 土壤水分特征曲线

本书模拟时选用 Van Genuchten 模型来拟合土壤水分特征曲线参数。试验地土壤分为 2 层。土壤水分特征曲线采用离心机(日立 CR21)测定，同时借助美国圭尔夫压力渗透仪(Guelph Permeameter 2800K1)对试验区土壤进行饱和导水率 K_s 测试。土壤水分特征曲线拟合饱和导水率采用 Van Genuchten 模型描述：

$$\theta(h) = \begin{cases} \theta_r + \dfrac{\theta_s - \theta_r}{(1 + a\,|h|^n)^m} & h < 0 \\[2mm] \theta_s & h \geq 0 \end{cases} \tag{6-11}$$

$$K(h) = K_s S_e^l \left[1 - (1 - S_e^{1/m})^m \right]^2 \tag{6-12}$$

$$S_e = (\theta - \theta_r)/(\theta_s - \theta_r) \tag{6-13}$$

$$m = 1 - 1/n \quad (n > 1) \tag{6-14}$$

式中　$\theta(h)$——以水势为变量的土壤体积含水量，cm³/cm³；

h——土壤压力水头，cm；

θ_r、θ_s——土壤的残余体积含水量和饱和体积含水量，cm³/cm³；

θ——土壤体积含水量，cm³/cm³；

a、m、n——经验拟合参数；

l——土壤空隙连通性参数，通常取 0.5；

K_s——土壤饱和导水率，cm/d；

$K(h)$——土壤非饱和导水率，cm/d；

S_e——土壤有效含水量，cm³/cm³。

土壤水分特征曲线基本参数如表 6-2 所示，土壤水分特征曲线见图 6-2。

表 6-2　土壤水分特征曲线(Van Genuchten 方程)的拟合参数

土层/cm	θ_s/(cm³/cm³)	θ_r/(cm³/cm³)	n	a	K_s/(cm/d)
0~20	0.440 1	0.032 2	1.137 7	0.042 1	33.12
20~100	0.430 1	0.116 4	1.246 5	0.021 7	21.60

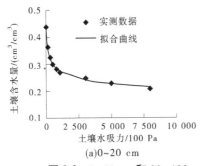

(a)0~20 cm

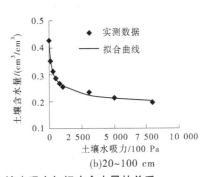

(b)20~100 cm

图 6-2　0~20 cm 和 20~100 cm 土层土壤水吸力与相应含水量的关系

2. 冬小麦根系吸水模型

Feddes 模型考虑了根系密度以及土壤水势对作物根系吸水速率的影响,且计算形式比较简单,在实际应用中比较方便。因此,本书采用常用的作物根系吸水模型即 Feddes 模型(1978)计算:

$$S(z,t) = \alpha(h,z)\beta(z)T_{\mathrm{p}} \tag{6-15}$$

$$\alpha(h) = \begin{cases} \dfrac{h}{h_1} & h_1 < h \leqslant 0 \\ 1 & h_2 < h \leqslant h_1 \\ \dfrac{h-h_3}{h_2-h_3} & h_3 < h \leqslant h_2 \\ 0 & h \leqslant h_3 \end{cases} \tag{6-16}$$

式中　$S(z,t)$——t 时刻 z 深度处根系吸水速率,$\mathrm{cm^3/(cm^3 \cdot d)}$;

　　　t——时间,d;

　　　$\alpha(h,z)$——土壤水势响应函数;

　　　$\beta(z)$——根系吸水分布函数,1/cm;

　　　T_{p}——作物潜在蒸腾率,cm/d;

　　　h——某一土壤深度 z 处土壤水势,cm;

　　　h_1、h_2、h_3——影响根系吸水的几个土壤水势阈值,cm。

当 $h<h_3$ 时,根系不能从土壤中吸收水分,所以 h_3 通常对应着作物出现永久凋萎时的土壤水势;(h_2,h_1)是作物根系吸水最适合的土壤水势区间范围;当 $h>h_1$ 时,由于土壤湿度过高,透气性变差,根系吸水速率降低。上述土壤水势阈值一般由试验确定,本书模型中采用 Wesseling(1991)的小麦数据库给出的根系吸水参数值。

3. 作物潜在蒸散量计算及划分

作物潜在蒸散量的计算采用作物系数法,即参考作物潜在蒸散量 ET$_0$ 乘以作物系数即得作物潜在蒸散量 ET$_{\mathrm{p}}$,该方法最重要、最关键的一步是计算参考作物蒸散量 ET$_0$。使用试验区自动气象观测站的气象资料,采用修正 PM 公式计算得到每天的参考作物潜在蒸散量 ET$_0$,具体计算公式如下:

$$\mathrm{ET_0} = \frac{0.408\Delta(R_{\mathrm{n}} - G) + \gamma\dfrac{900}{T+273}u_2(e_{\mathrm{s}}-e_{\mathrm{a}})}{\Delta + \gamma(1+0.34u_2)} \tag{6-17}$$

式中　ET$_0$——参考作物蒸散量,mm/d;

　　　G——土壤热通量,$\mathrm{MJ/(m^2 \cdot d)}$;

　　　e_{s}——饱和水汽压,kPa;

　　　e_{a}——实际水汽压,kPa;

　　　R_{n}——作物表面的净辐射量,$\mathrm{MJ/(m^2 \cdot d)}$;

　　　Δ——饱和水汽压与温度曲线的斜率,kPa/℃;

　　　γ——干湿表常数,kPa/℃;

u_2——2 m 高处的日平均风速,s/m。

$$ET_p = K_c \cdot ET_0 \qquad (6\text{-}18)$$

式中 ET_p——作物潜在蒸散量,mm/d;

K_c——作物系数,主要取决于作物种类、发育期和作物生长状况,本书采用 FAO 推荐的作物系数计算方法。

在此基础上,利用实测的作物叶面积指数(LAI)将 ET_p 划分为 E_p 和 T_p,计算公式为(Simunek et al. , 2008):

$$T_p = (1 - e^{-k \cdot LAI}) ET_p \qquad (6\text{-}19)$$

$$E_p = ET_p - T_p \qquad (6\text{-}20)$$

式中 T_p——作物潜在蒸腾量,cm/d;

E_p——土壤潜在蒸发量,cm/d;

LAI——叶面积指数;

k——消光系数,取决于太阳角度、植被类型及叶片空间分布特征。

本书中,冬小麦的消光系数经验值 k 取 0.438(Childs and Hanks, 1975)。

(二)模型初始条件与边界条件

由于研究区地下水埋深(>5 m)较大,忽略地下水向上的补给作用的影响,模型模拟深度取地表以下 100 cm,根据土壤特性分为 2 层(0~20 cm 和 20~100 cm),按 10 cm 等间隔剖分成 10 个单元。模型上边界条件采用已知通量的第二类边界条件,在作物试验期内逐日输入通过上边界的变量值,包括降水量和棵间蒸发量。冬小麦田间比较平整且表层导水率较大,即使有强度大的降雨发生也会很快入渗,因此地面径流暂忽略不计。下边界条件采用自由排水边界,选在土壤剖面 100 cm 土层处。模型模拟运算时间步长为 1 d。输出结果包括 0~100 cm 土体的水量平衡各项和土壤剖面中观测点的土壤水分变化。模拟时段从 2014 年 3 月 29 日至 2014 年 5 月 24 日,共 56 d。

求解土壤水分运动方程的初始条件和边界条件分别为

初始条件:

$$h(z,t) = h_0(z) \quad (t = 0) \qquad (6\text{-}21)$$

上边界条件:

$$-K(h)\frac{\partial h}{\partial z} + K(h) = P(t) - E_s(t) - I_c(t) \quad (t > 0) \qquad (6\text{-}22)$$

下边界条件:

$$h(z,0) = h_0(z) \quad (0 \leqslant z \leqslant Z) \qquad (6\text{-}23)$$

式中 $P(t)$——边界降水量,cm/d;

$E_s(t)$——土壤蒸发量,cm/d;

$I_c(t)$——冠层截留量,cm/d;

Z——研究区域在 z 方向的伸展范围,cm。

(三)模型检验

借助 HYDRUS-1D 软件对冬小麦拔节—成熟期阶段(2014 年 3 月 29 日至 5 月 24 日)0~100 cm 土层每隔 5 d 土壤水分变化情况进行模拟分析。模拟结果见图 6-3,结果表明,模拟效果良好,土壤水分预测模拟值与实测值基本吻合。平均绝对误差为 1.1%,平均相对误差为 5.3%,这表明模拟值与实测值较为接近,该方法预报精度较高。

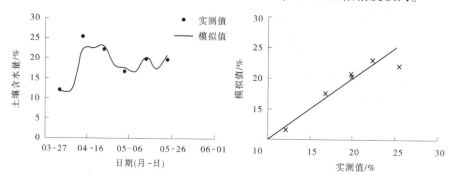

图 6-3　模拟值与实测值的比较与一致性分析

四、结论与讨论

BP 模型一般比较简单且参数较少,无具体表达式,使用方便,但因为地域和时间限制,适用范围有限,如土壤水分消退过程地域、时域性较强,所建立的模型只能在既定的地区和时间应用,无法进行推广,且预测稳定性不如其他方法,试验中,平均相对误差为 12.6%;土壤水动力学模型具有很强的物理基础,模拟精度也较高,平均相对误差仅为 5.3%,但模型存在参数较多且繁杂问题,如土壤特性、降水、灌溉、蒸散,作物根系发育等这些数据的获取较难,这也使得该模型在实际应用中遇到的困难较大。水量平衡模型具有一定的物理基础,且通用性强,应用也比较简单,不足之处在于只考虑了农田水分收、支对土壤水分的影响,对土壤水分运动考虑不够深入,预测精度不如机制模型,平均相对误差为 6.8%。

第二节　土壤墒情预测模型的应用与验证

一、土壤墒情的实时预测方法

利用土壤计划湿润层内的含水量为研究对象,建立水量平衡方程,结合实时预报的作物和气象信息完成对土壤含水量的预测。水量平衡方程可以表示为

$$W_i = W_0 + W_{ri} + P_{ei} + I_i - ET_{ci} - G_i - R_i \qquad (6-24)$$

式中　W_0、W_i——时段初和任一时间 i 的土壤计划湿润层内的含水量,mm;

$\quad\quad W_{ri}$——时段内由于计划湿润层增加而增加的水量,mm;

$\quad\quad I_i$——时段内的灌水量,mm;

$\quad\quad P_{ei}$——时段内的有效降雨量,mm;

$\quad\quad ET_{ci}$——时段内作物的耗水量,mm,可通过构建的模型预测;

$\quad\quad R_i$——地面径流量,mm;

$\quad\quad G_i$——地下水补给量,mm。

由于广利灌区和人民胜利渠灌区冬小麦生育期内的降水量不大,不产生径流,因此不

考虑地表径流,即 $R=0$;同时试验场内的地下水埋深也基本处在 5 m 以下,超过黏土的极限埋深,故地下水对作物的影响也可以忽略不计,即 $G=0$。因此,式(6-24)可以简化为

$$W_i = W_0 + W_{ri} + P_{ei} + I_i - ET_{ci} \qquad (6-25)$$

时段初土壤含水量(W_0)、任一时间 t 的土壤计划湿润层内的含水量(W_t)和时段内由于计划湿润层增加而增加的水量(W_r),可通过田间实测土壤水分资料获得,计划湿润层中的储水量可用该层土壤体积含水量与土层厚度的乘积得到。时段内的灌水量(I_i)由量水设备和设施计量确定。冬小麦逐日耗水量(ET_{ci})确定和降水量采用第三、四章建立的预测预报模型。另外,考虑冬小麦生育期降雨次数及次降雨量一般较小,因此可认为降雨量全部有效,即 $P_i = P_{ei}$。

二、土壤墒情预测模型验证与精度分析

运用所建立的模型及水量平衡方程得到下一旬的预测值,同时对逐旬土壤水分的预测结果进行实时修正,即对下一旬的预报均以上一旬旬末的实测土壤含水量为基础。人民胜利渠灌区冬小麦 4 个监测点土壤水分实测值与 4 种方法预测值比较分析表明(见图 6-4),PM-FAO 法相对误差范围为 0.15%~21.70%,平均相对误差 5.46%;Harg-FAO 法相对误差范围为 0.25%~21.61%,平均相对误差 5.43%;PM-临界值法相对误差范围为 0.07%~25.57%,平均相对误差 6.84%;Harg-临界值法相对误差范围为 0.29%~28.11%,平均相对误差 7.18%。4 种方法预测值之间比较接近,差异不大。

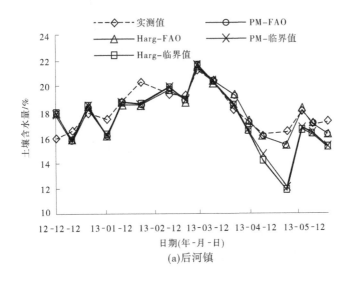

(a)后河镇

图 6-4　人民胜利渠灌区冬小麦 4 个监测点土壤水分实测值与预测值的比较

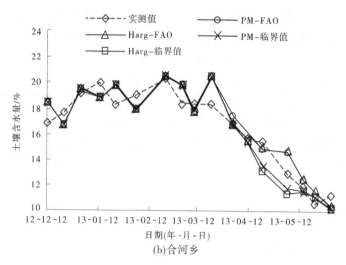

(b)合河乡

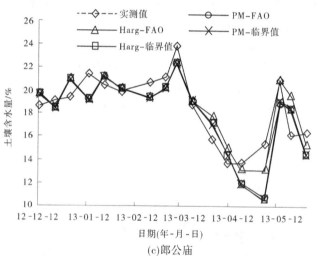

(c)郎公庙

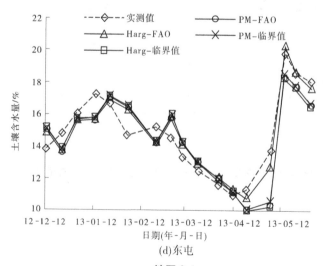

(d)东屯

续图 6-4

广利灌区冬小麦 4 个监测点土壤水分实测值与 4 种方法预测值比较分析表明（见图 6-5），PM-FAO 法相对误差范围为 0.07%～16.59%，平均相对误差 5.33%；Harg-FAO 法相对误差范围为 0.10%～14.18%，平均相对误差 5.24%；PM-临界值法相对误差范围为 0.10%～20.12%，平均相对误差 5.29%；Harg-临界值法相对误差范围为 0.05%～23.711%，平均相对误差 5.74%。4 种方法预测值之间比较接近，差异不大。这说明逐旬预报的精度满足要求，同时能为灌水方案的准确制订提供可靠的依据。

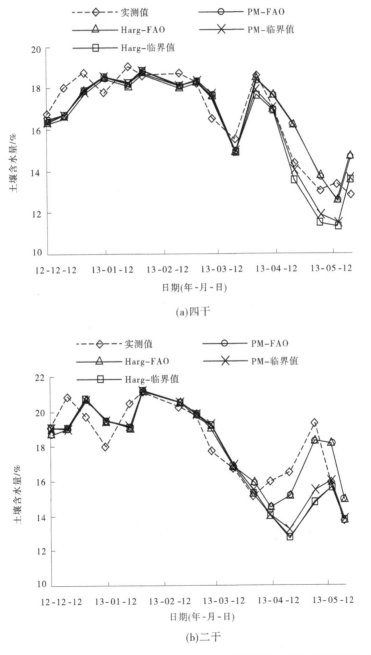

图 6-5　广利灌区冬小麦 4 个监测点土壤水分实测值与 4 种方法预测值比较

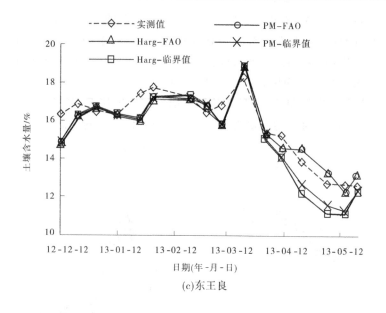

(c)东王良

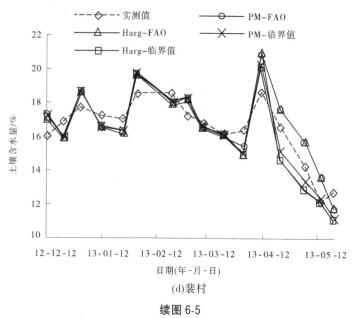

(d)裴村

续图 6-5

第三节　灌区墒情预测应用

一、区域土壤墒情监测合理取样数目的确定

(一)区域土壤墒情监测布点遵循的原则

土壤墒情监测点的布设是否合理决定墒情监测的成本以及区域墒情监测分布图的代

表性,监测点过多,成本高;反之,监测的墒情代表性差,不能反映区域内的实际情况,对灌溉的指导作用大打折扣。土壤墒情监测点的布设要求具体包括:①建立的监测点能反映出测点邻近范围内土壤墒情真实情况,即该测点在一定地域范围内有代表性。②构成的区域旱情监测网络要能够在分析工具上展开分析,形成区域内墒情发展的预测数据,即要求监测网络的建设有一定的规格。③方便监测设备的安装使用、安全、维护。④布设的监测点数目要合理。进行墒情观测的代表性地块的选择应考虑其地貌的代表性、土壤的代表性、气象和水文地质条件的代表性和种植的作物的代表性。

(二)区域土壤墒情监测点的布设方案

将 GIS 的空间管理功能和地统计学的空间分析功能相结合,在分析土壤墒情空间变异的基础上,首先用经典统计学确定合理的采样数目,然后利用地统计学处理空间结构的优良特性,确定合理的采样结构。

根据以上布设点选取原则及确定方法,同时考虑土壤类型、轮灌顺序,在广利灌区和人民胜利渠灌区开展布点研究,最终确定广利灌区和人民胜利渠灌区土壤墒情监测适宜的取样数目分别为 30 个和 24 个(见图 6-6)。两个灌区布设的土壤墒情监测点较为合理,比较能代表灌区墒情的实际情况。

(三)土壤剖面水分探头布设优化方案

1. 麦田土壤剖面水分信息的时空变异规律

各年度冬小麦土壤剖面含水量的动态变化具有相似性,以 2007~2008 年度麦田实测土壤水分数据为例来分析麦田土壤剖面含水量的动态变化。图 6-7 给出了 2007~2008 年冬小麦生育期内各土层土壤含水量的动态分布和变化过程。土壤含水量因作物吸水及气象条件变化而引起变化时,各土层含水量波动幅度不同。表层 10 cm 土层含水量波动较大,随着土层深度的增加,波动趋于平稳。播种至返青期间,土壤剖面含水量逐渐降低,0~10 cm 土层含水量变化最为显著;返青期灌水之后,土壤剖面含水量变大。此后,土壤剖面含水量随降雨及灌水的发生而变化,其中 10 cm、20 cm 和 30 cm 土层的土壤水分变化具有相似性,40 cm 以下土层的水分变化接近,70~100 cm 土层的土壤水分变化比较平缓。受土壤表面蒸发、降水和灌水入渗以及小麦吸水的影响,地表层 0~30 cm 变化幅度最大。随降水入渗时间的推移,相邻土层之间水分变化有明显的消退现象。

为了以最少的信息丢失为代价而减少观测数量来指导土壤水分传感器的安装,需要剔除相关程度较高的层次。根据冬小麦生育期内的实测数据,利用主成分分析方法,可得到各层次体积含水量的均值、标准差和变异系数(见表 6-4)。10 cm 土层土壤含水量的变异系数最大,为 0.26,变异系数较大的土层,就要制定适宜的时间间隔来测定土壤水分。10 cm 以下土层土壤含水量的变异系数较小,表明深层土壤水分变化幅度不大,可以间隔较长的时间进行水分测定。

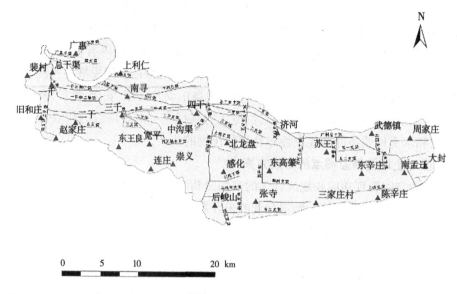

(a)2012年广利灌区小麦墒情监测点分布

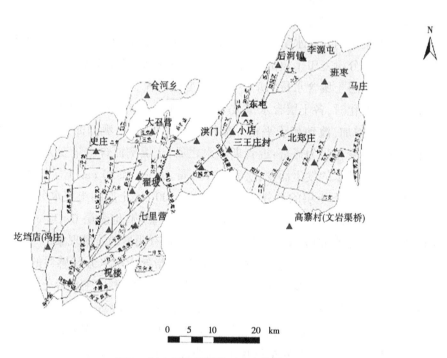

(b)2012年人民胜利渠灌区小麦墒情监测点分布

图 6-6　小麦墒情监测点分布

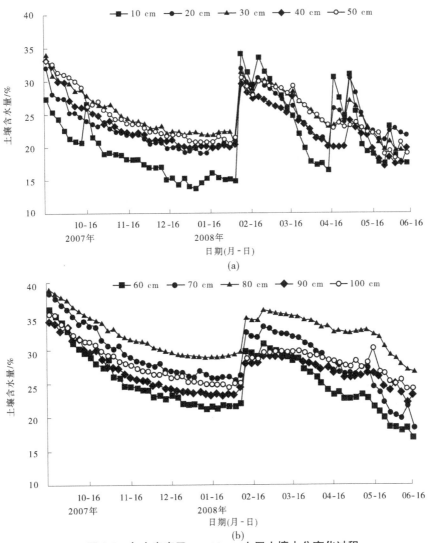

图 6-7　冬小麦麦田 0~100 cm 土层土壤水分变化过程

表 6-3　不同土层深度含水量总体特征

土层深度/cm	均值/%	标准差/%	变异系数
10	20.94	5.50	0.26
20	23.70	3.49	0.15
30	25.07	3.47	0.14
40	22.97	3.66	0.16
50	24.60	3.77	0.15
60	25.24	4.32	0.17
70	28.83	4.33	0.15
80	32.41	2.92	0.09
90	26.82	2.85	0.11
100	28.16	2.62	0.09

采用 KMO 统计量和 Bartlett's 球形检验进行相关性检验。KMO 统计量数值为 0.894 3,表明各土层的土壤含水量适合做主成分分析。球形假设检验 Bartlett's 数值是 1 466.623 8,达到了极显著水平($P=0.000\ 1$),那么拒绝该假设,即各土层含水量之间不相互独立,存在一定的相关性。

相关分析表明,返青期前邻近土层间的土壤含水量相关系数较高,均达到极显著水平(见表 6-4)。其中,30 cm 土层的土壤含水量与 10~20 cm 土层以及 40~100 cm 土层的含水量高度相关;10 cm 处土壤体积含水量与 20 cm 土层含水量的相关系数高于 0.87。在 10 cm 和 30 cm 处埋设水分传感器能够满足监测冬小麦返青前土壤剖面水分动态的要求。

表 6-4 返青前各层土壤含水量相关系数

土层深度/cm	邻近土层深度/cm									
	10	20	30	40	50	60	70	80	90	100
10	1.000									
20	0.874**	1.000								
30	0.845**	0.974**	1.000							
40	0.838**	0.972**	0.977**	1.000						
50	0.753**	0.932**	0.972**	0.970**	1.000					
60	0.789**	0.952**	0.976**	0.982**	0.989**	1.000				
70	0.763**	0.919**	0.969**	0.964**	0.987**	0.985**	1.000			
80	0.704**	0.890**	0.946**	0.944**	0.982**	0.976**	0.989**	1.000		
90	0.665**	0.868**	0.927**	0.931**	0.974**	0.966**	0.985**	0.996**	1.000	
100	0.670**	0.869**	0.929**	0.931**	0.972**	0.966**	0.982**	0.995**	0.997**	1.000

通过对 0~100 cm 平均含水量与各探头数据进行回归分析,可根据式(6-26)利用各探头的数据推算出 0~100 cm 剖面含水量。

$$\theta = -0.017\theta_{10} + 1.016\theta_{30} \tag{6-26}$$

返青期后麦田邻近土层间的土壤含水量相关系数较高,均达到极显著水平(表 6-5)。其中,30 cm 土层的土壤含水量与 10~20 cm 土层以及 40~100 cm 土层的含水量高度相关,若只埋设一个探头,可选择埋设在 30 cm 深度处;10 cm 处土壤体积含水量与 20 cm 土层含水量的相关系数高于 0.87,若埋设两个探头,可选择埋设在 10 cm 和 30 cm 深度处。考虑到冬小麦生长中后期根系下扎深度增加,对下层土壤水分的利用率提高。因此,保留对 60 cm 和 90 cm 土层的水分监测。

表 6-5　返青后各层土壤含水量相关系数

土层深度/cm	邻近土层深度/cm									
	10	20	30	40	50	60	70	80	90	100
10	1.000									
20	0.874**	1.000								
30	0.845**	0.974**	1.000							
40	0.838**	0.972**	0.977**	1.000						
50	0.753**	0.932**	0.972**	0.970**	1.000					
60	0.789**	0.952**	0.976**	0.982**	0.989**	1.000				
70	0.763**	0.919**	0.969**	0.964**	0.987**	0.985**	1.000			
80	0.704**	0.890**	0.946**	0.944**	0.982**	0.976**	0.989**	1.000		
90	0.665**	0.868**	0.927**	0.931**	0.974**	0.966**	0.985**	0.996**	1.000	
100	0.670**	0.869**	0.929**	0.931**	0.972**	0.966**	0.982**	0.995**	0.997**	1.000

通过对 0~100 cm 平均含水量与各探头数据进行回归分析,可根据式(6-27)~式(6-29)利用各探头的数据推算出 0~100 cm 剖面含水量。

$$\theta = 0.026\theta_{10} + 0.974\theta_{30} \tag{6-27}$$

$$\theta = 0.047\theta_{10} + 0.661\theta_{30} + 0.293\theta_{60} \tag{6-28}$$

$$\theta = 0.098\theta_{10} + 0.408\theta_{30} + 0.144\theta_{60} + 0.352\theta_{90} \tag{6-29}$$

2. 玉米土壤剖面水分信息的时空变异规律

图 6-8 给出了玉米生育期内各土层土壤含水量的动态分布和变化过程。0~50 cm 土层的土壤含水量变化程度剧烈,这是因为该层受降水、温度等气象因子的影响较大;而 50~100 cm 土层的土壤含水量变化趋势相对平缓,这是因为外界和降水补偿等条件的影响较小。

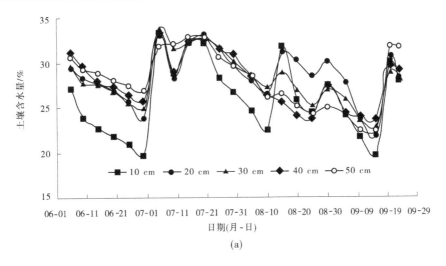

(a)

图 6-8　玉米生长条件下 0~100 cm 土层土壤水分变化过程

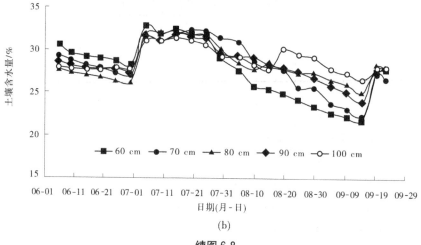

(b)

续图 6-8

为了以最少的信息丢失为代价而减少观测数量来指导土壤水分传感器的安装,需要剔除相关程度较高的层次。表 6-6 给出了各层次含水量的均值、标准差和变异系数。10 cm 和 60 cm 土层土壤含水量的变异系数较大,分别为 0.19 和 0.18。变异系数较大的土层,就要制定适宜的时间间隔来测定土壤水分。其余土层的变异系数较小,表明深层土壤水分变化幅度不大,可以间隔较长的时间进行水分测定。变异系数最小的土层为 80 cm 土层,变异系数为 0.11。

表 6-6　不同土层深度含水量总体特征

土层深度/cm	均值/%	标准差/%	变异系数
10	27.05	5.18	0.19
20	27.90	3.95	0.14
30	28.36	3.95	0.14
40	25.52	3.82	0.15
50	28.27	4.50	0.16
60	28.03	5.08	0.18
70	31.92	5.26	0.16
80	35.74	3.92	0.11
90	30.31	4.11	0.14
100	30.11	4.54	0.15

采用 KMO 统计量和 Bartlett's 球形检验进行相关性检验。KMO 统计量数值为 0.914 2,表明各土层的土壤含水量适合做主成分分析。球形假设检验 Bartlett's 数值是 866.451 2,达到了极显著水平($P=0.000\ 1$),那么拒绝该假设,即各土层含水量之间不相互独立,存在一定的相关性。

相关分析表明,邻近土层间的土壤含水量相关系数较高,除 10 cm 与 100 cm 土层含水量相关关系达显著水平外,其余均达到极显著水平(见表 6-7)。地表下 30 cm 土层的土壤含水量与 10~20 cm、40~100 cm 土层含水量高度相关,均达到极显著水平;50 cm 土层含水量与60~100 cm土层的含水量高度相关;70 cm土层含水量与80~100 cm土层含水量高度相关。考虑到玉米生长中后期根系下扎深度增加,对下层土壤水分的利用率提高,因此保留对50 cm和70 cm土层的水分监测。

表6-7　不同土层土壤体积含水量相关系数

土层深度/cm	邻近土层深度/cm									
	10	20	30	40	50	60	70	80	90	100
10	1.000									
20	0.774**	1.000								
30	0.891**	0.866**	1.000							
40	0.790**	0.945**	0.915**	1.000						
50	0.786**	0.829**	0.895**	0.881**	1.000					
60	0.787**	0.696**	0.878**	0.756**	0.847**	1.000				
70	0.758**	0.818**	0.892**	0.846**	0.926**	0.892**	1.000			
80	0.646**	0.548**	0.743**	0.623**	0.798**	0.866**	0.839**	1.000		
90	0.669**	0.697**	0.785**	0.759**	0.776**	0.823**	0.899**	0.815**	1.000	
100	0.389*	0.493**	0.537**	0.537**	0.648**	0.514**	0.692**	0.771**	0.680**	1.000

通过对0~100 cm平均含水量与各探头数据进行回归分析,可根据式(6-30)~式(6-32)利用各探头的数据推算出0~100 cm剖面含水量。

$$\theta = -0.154\theta_{10} + 1.153\theta_{30} \tag{6-30}$$

$$\theta = -0.046\theta_{10} + 0.460\theta_{30} + 0.604\theta_{50} \tag{6-31}$$

$$\theta = 0.038\theta_{10} + 0.191\theta_{30} + 0.145\theta_{50} + 0.626\theta_{70} \tag{6-32}$$

3.农田土壤剖面水分信息数据处理方法

采用KMO统计量和Bartlett's球形检验对农田剖面水分信息数据进行相关性检验。根据KMO统计量的数值判断各土层含水量是否适合做主成分分析;根据Bartlett's数值确定各土层含水量间是否存在一定的相关性。如果各土层含水量间存在一定的相关性,则需要通过相关分析和方差分析确定各土层含水量间的相关关系。由于实测的各土层含水量之间存在一定的相关关系,因此可以用数目较少的土层含水量分别综合存在于各土层中含水量的各类信息,根据各土层含水量间的相关关系确定农田土壤剖面水分探头的布设方案。冬小麦和夏玉米生长条件下农田土壤探头布设方案见表6-8。

表6-8　冬小麦和夏玉米生长条件下农田土壤探头布设方案

作物	生育期	埋设探头数目			
		1	2	3	4
冬小麦	返青期前	30 cm	10 cm、30 cm		
	返青期后	30 cm	10 cm、30 cm	10 cm、30 cm、60 cm	10 cm、30 cm、60 cm、90 cm
夏玉米	全生育期	30 cm	10 cm、30 cm	10 cm、30 cm、50 cm	10 cm、30 cm、50 cm、70 cm

二、灌区实时土壤墒情信息的获取

(1)监测方法:在广利灌区和人民胜利渠灌区,墒情监测的点测量主要采用的是我国自主研制的 SWR-4 型土壤水分剖面测定仪,通过埋设测定导管可以快速测定不同地点、不同层次的土壤水分状况,同时结合取土烘干法进行校核,这为灌区墒情的发展变化以及灌溉的预报提供了基本的资料。

(2)监测深度:每个测点的监测深度为 0~100 cm。

(3)监测时间:冬小麦生育期内每 10 d 一次。

实地监测过程见图 6-9。

图 6-9　实地监测过程

2011~2013 年冬小麦生育期间,一直在开展此项工作。图 6-10 是利用 ArcGIS 软件,采用 kring 方法插值绘制的冬小麦播种期灌区土壤墒情空间分布图。

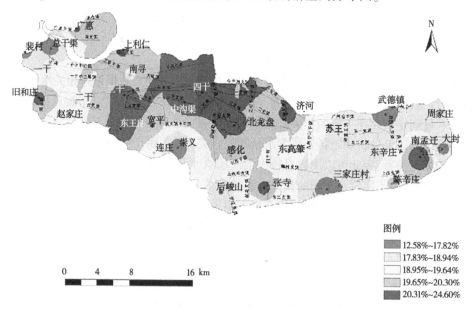

(a)2012年10月16日广利灌区冬小麦土壤墒情空间分布

图 6-10　灌区冬小麦土壤墒情空间分布图

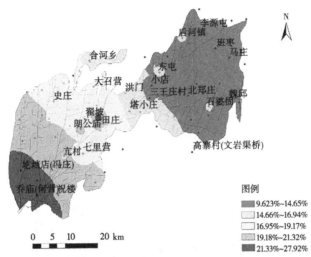

(b)2012年10月19日人民胜利渠灌区冬小麦土壤墒情空间分布

图例
9.623%~14.65%
14.66%~16.94%
16.95%~19.17%
19.18%~21.32%
21.33%~27.92%

0　5　10　　20 km

续图 6-10

三、土壤墒情预报结果分析

利用构建的灌溉预报系统,结合天气预报信息,基于人民胜利渠灌区和广利灌区冬小麦返青期前、返青期后土壤墒情实测数据对未来 10 d 的土壤墒情进行预测,同时,10 d 后对灌区土壤墒情进行实测,以验证系统的预报精度。

人民胜利渠灌区冬小麦返青期前(2013 年 1 月 1 日)24 个监测点土壤水分实测值与 4 种方法预测值比较分析表明(见图 6-11),PM-FAO 法相对误差范围为 0.02% ~ 15.61%,平均相对误差 6.33%;Harg-FAO 法相对误差范围为 0.07% ~ 15.67%,平均相对误差 6.33%;PM-临界值法相对误差范围为 0.32% ~ 15.66%,平均相对误差 6.32%;Harg-临界值法相对误差范围为 0.40% ~ 15.72%,平均相对误差 6.32%。4 种方法预测值之间比较接近,差异不大。

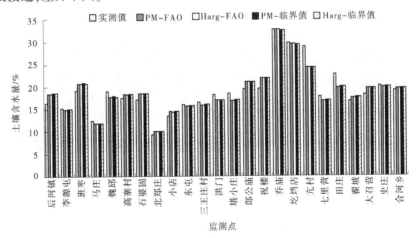

图 6-11　人民胜利渠灌区冬小麦返青期前(2013 年 1 月 1 日)土壤水分实测值与预测值的比较

　　人民胜利渠灌区冬小麦返青期后(2013年4月11日)24个监测点土壤水分实测值与4种方法预测值比较分析表明(见图6-12),PM-FAO法相对误差范围为0.97%~21.66%,平均相对误差8.08%;Harg-FAO法相对误差范围为0.89%~21.58%,平均相对误差8.04%;PM-临界值法相对误差范围为0.53%~20.40%,平均相对误差6.90%;Harg-临界值法相对误差范围0.29%~20.55%,平均相对误差6.71%。4种方法预测值之间比较接近,差异不大。

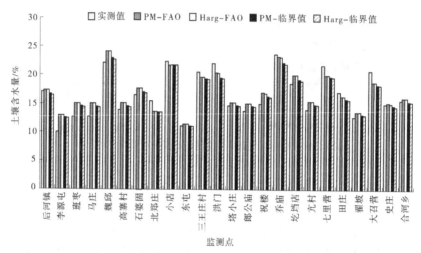

图6-12　人民胜利渠灌区冬小麦返青期后(2013年4月11日)土壤水分实测值与预测值的比较

　　广利灌区冬小麦返青期前(2012年12月12日)30个监测点土壤水分实测值与4种方法预测值比较分析表明(见图6-13),PM-FAO法相对误差范围为0.27%~16.77%,平均相对误差7.52%;Harg-FAO法相对误差范围为0.31%~17.80%,平均相对误差7.52%;PM-临界值法相对误差范围为0.32%~17.71%,平均相对误差8.26%;Harg-临界值法相对误差范围为0.28%~16.08%,平均相对误差7.51%。4种方法预测值之间比较接近,差异不大。

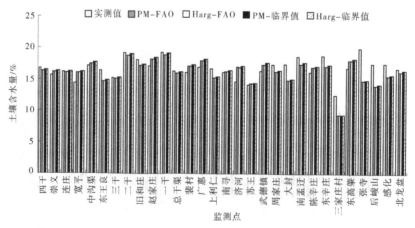

图6-13　广利灌区冬小麦返青期前(2012年12月12日)土壤水分实测值与预测值的比较

　　广利灌区冬小麦返青期后(2013年4月10日)30个监测点土壤水分实测值与4种方法预测值比较分析表明(见图6-14),PM-FAO法相对误差范围为0.43%~21.86%,平均相对误差 7.94%；Harg-FAO 法相对误差范围为 0.31%～21.81%，平均相对误差 7.92%；PM-临界值法相对误差范围为 0.25%～21.66%，平均相对误差 7.92%；Harg-临界值法相对误差范围为 0.06%～20.31%，平均相对误差 7.81%。4 种方法预测值之间比较接近，差异不大。

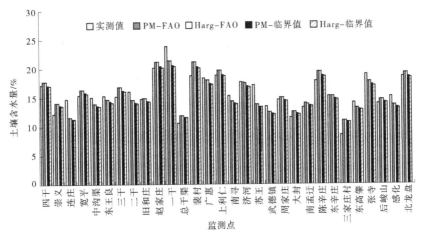

图 6-14　广利灌区冬小麦返青期后（2013 年 4 月 10 日）土壤水分实测值与预测值的比较

借助 ArcGIS 软件，采用 kring 方法插值，得到整个研究区域的土壤含水量分布，根据冬小麦不同生育期干旱程度的土壤含水量适宜下限指标分为重度干旱、中度干旱、轻度干旱、适宜水分，分别采用不同的颜色标示，并计算区域内不同干旱程度的面积。预测结果分布如图 6-15 所示。通过冬小麦整个生育期内灌区土壤墒情的预报值与实测值之间的对比分析可以看出，模型能较好预测灌区冬小麦土壤水分的变化情况，人民胜利渠灌区预测值与实测值相对误差小于 10% 的占 83.9%，相对误差小于 20% 的占 95.7%；广利灌区预测值与实测值相对误差小于 10% 的占 89.9%，相对误差小于 20% 的占 98.6%。由此可见，灌溉预报系统具有较好的模拟精度，对灌区的用水调度起到了重要的参考作用。

(a)2012年11月22日人民胜利渠灌区土壤墒情空间分布预测图

图 6-15　人民胜利渠灌区冬小麦生育期土壤墒情空间分布预测图与实测图

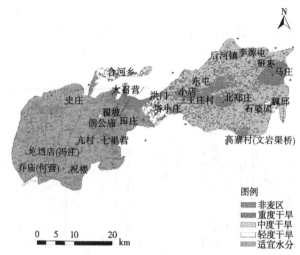

(b)2012年11月22日人民胜利渠灌区土壤墒情空间分布实测图

续图6-15

第四节　天气预报和实测条件下土壤墒情预测模型的误差分析

气象观测系统可以提供接近实时的但并不能提供事实上精确的预报,事实上,随着预见时间尺度的增大,天气预报的准确率可能降低,从而引起预报精度降低,书中提出采用较容易获取的未来的天气预报数据和具有一定物理基础并被广泛应用的温度模型进行预报,并评价其预报效果。本书考虑天气预报的不同时间尺度对 ET_0 、 ET_c 预报模型精度的影响,同时以广利灌区(沁阳站)为研究对象,分析基于天气预报、历史记录和实测条件下土壤墒情预测的误差比较,探讨天气预报误差影响下,土壤墒情自身预测模型的精度和适应性。准确的预报有助于提高这些灌区的灌溉用水管理水平,提高灌区水分利用效率。

一、数据和方法

(一)数据来源

从"中国天气"网站(http://www.weather.com.cn)收集了河南沁阳站 2012~2014 年冬小麦生长季的逐日气象数据及其对应逐日对未来 1~10 d 的气象预报数据。沁阳站位于北纬 35.08°,东经 112.92°,海拔 122 m。历史气象数据包括最高气温、最低气温、平均气温;天气预报数据则包括最高气温和最低气温。

(二) ET_0 计算方法

采用 Hargreaves 公式时需要当天的最低气温和最高气温,即可估算 ET_0 。同时为适应地区,对该公式进行了必要修正,具体如下。

Harg 修正公式:

$$ET_0(HG3) = 0.001 \frac{1}{\lambda}(T_{max} - T_{min})^{0.595}(\frac{T_{max} + T_{min}}{2} + 25.801)R_a \qquad (6-33)$$

式中 R_a——大气顶层辐射,$MJ/(m^2 \cdot d)$;

λ——水汽化潜热,其值取 2.45 MJ/kg;

T_{max}、T_{min}——最高气温、最低气温,℃。

由此可知,根据式(6-33)由已知天气预报和历史记录的信息,可预报和计算 ET_0。

（三）计算方法

采用目前最常用的作物系数法,即通过某时段(i)的参考作物需水量(ET_{0i})和作物系数 K_{ci} 确定某种具体作物的耗水量 ET_{ci},其具体表达式如下:

$$ET_{ci} = K_{ci} \cdot ET_{0i} \tag{6-34}$$

作物系数的预报模型可表述为

$$K_c = 0.14 \times \frac{b \cdot LAI_{max}}{1 + \exp(\sum_{j=0}^{n} a_j x^j)} + 0.3918 \tag{6-35}$$

式中 LAI_{max}——最大叶面积指数;

x——相对积温值,即阶段积温($\sum T_j$)与整个生育期积温的比值;

a_j、b——待定系数,$j = 0, \cdots, n$。

对于式(6-35)中 j 的取值可采用试算法,选择最为合适的 j 值使拟合的精度达到最高。

上述模型中,也只需要天气预报和历史记录的温度数据即可完成运算,得到预报和计算的 ET_c。

（四）土壤墒情的预测模型

基于水量平衡原理,计算方程可以表示为

$$W_t = W_0 + W_r + I + P - ET_c + G - R \tag{6-36}$$

式中 W_0、W_t——时段初和任一时间 t 的土壤计划湿润层内的含水量,mm;

W_r——时段内由于计划湿润层增加而增加的水量,mm;

I——时段内的灌水量,mm;

P——时段内的有效降雨量,mm;

ET_c——时段内作物的实际需水量,mm;

R——地面径流量,mm;

G——地下水补给量,mm。

由于试区冬小麦生育期内的降水量不大,不产生径流,因此本书不考虑地表径流,即 $R = 0$,且降雨基本有效;同时研究区域内的地下水埋深基本处在 5.0 m 以下,地下水对作物补给量也可以忽略不计,即 $G = 0$。因此,计算方程可以简化为

$$W_t = W_0 + W_r + I + P - ET_c \tag{6-37}$$

（五）校正与预报精度评价指标

除通过图形直观分析外,还采用统计指标评价预报精度,统计指标包括平均绝对误差（MAE）、均方根误差（RMSE）和相关系数（r）,来评价不同时间尺度下 ET_0、ET_c 的预报值和计算值。

对于土壤墒情预测模型的精度评价,统计指标包括平均绝对误差（MAE）、平均相对

误差(MARE),来评价土壤墒情 10 d 的预报值、计算值分别与实测值的吻合程度。

二、结果与分析

(一)ET$_0$

图 6-16 为不同预报时间尺度 1 d、5 d 和 10 d ET$_0$ 预报值与计算值对比。从图 6-16 中可以看到,2012~2013 年和 2013~2014 年冬小麦连续两个生长季不同预报时间尺度下预报值与计算值的变化趋势基本一致。从 10 月开始逐渐下降,次年 2 月中旬达到最低,随后又开始上升,在收获季 5 月底达到最大。另外,冬小麦苗期和越冬期 ET$_0$ 预报值与计算值较为接近,返青期、拔节期后预报值和计算值部分相差较大,这可能是由于冬季气温低 ET$_0$ 值较小,整体变幅不大;返青期后气温上升,ET$_0$ 值也急剧增大,变幅也加大。

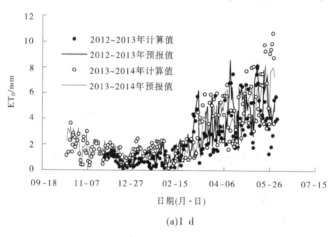

(a)1 d

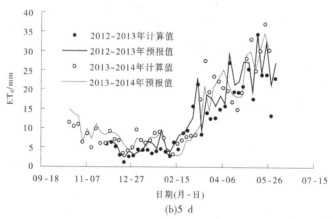

(b)5 d

图 6-16　不同预报时间尺度 ET$_0$ 预报值与计算值的比较

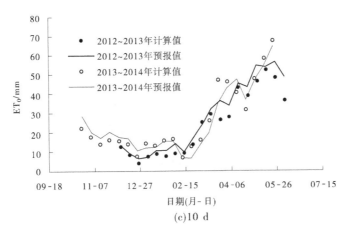

(c)10 d

续图 6-16

表 6-9 所示为不同预报时间尺度 1 d、5 d 和 10 d ET_0 预报值和计算值序列的统计比较。两个冬小麦生长季,随着预报时间尺度的增加,平均每天绝对误差(MAE)减小,平均每天均方根误差(RMSE)也减小,而相关系数(r)增大。2012~2013 年,同样与 1 d 的 MAE 相比较,5 d 和 10 d 的 MAE 分别减小 35.5% 和 39.3%;与 1 d 的 RMSE 相比较,5 d 和 10 d 的 RMSE 分别减小 41.2% 和 48.6%;与 1 d 的 r 相比较,5 d 和 10 d 的 r 分别增大 9.0% 和 10.1%。2013~2014 年,与 1 d 的 MAE 相比较,5 d 和 10 d 的 MAE 分别减小 50.4% 和 52.3%;与 1 d 的 RMSE 相比较,5 d 和 10 d 的 RMSE 分别减小 51.3% 和 56.4%;与 1 d 的 r 相比较,5 d 和 10 d 的 r 分别增大 7.9% 和 9.0%。这说明随着时间尺度的增大,ET_0 日值预报值和计算值更接近,预报效果可以满足精度要求。

表 6-9　不同预报时间尺度 ET_0 预报值和计算值序列的统计比较

冬小麦生长季	预报时间尺度	评价指标		
		MAE/(mm/d)	RMSE/(mm/d)	r
2012~2013 年	1 d	0.67	1.02	0.89
	5 d	0.43	0.60	0.97
	10 d	0.41	0.52	0.98
2013~2014 年	1 d	0.73	1.01	0.89
	5 d	0.36	0.49	0.96
	10 d	0.35	0.44	0.97

(二)ET_c

图 6-17 为不同预报时间尺度 1 d、5 d 和 10 d ET_c 预报值与计算值对比。从图 6-17 可以看到,2012~2013 年和 2013~2014 年冬小麦连续两个生长季不同预报时间尺度下预

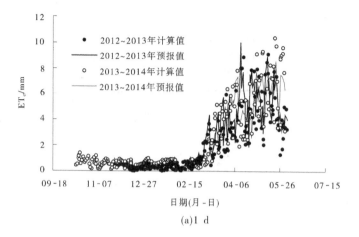

(a)1 d

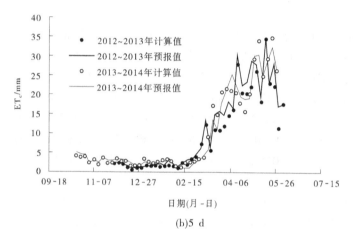

(b)5 d

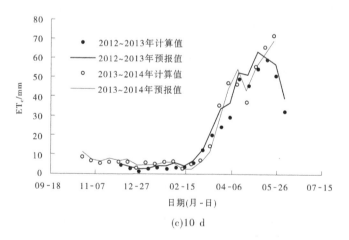

(c)10 d

图 6-17　不同预报时间尺度 ET_c 预报值与计算值的比较

报值与计算值的变化趋势基本一致,符合冬小麦生长季需水规律,即从 10 月开始逐渐下降,次年 2 月中旬达到最低,随后又开始上升,在收获季 5 月底达到最大。另外,冬小麦苗期和越冬期 ET_c 预报值与计算值较为接近,返青期、拔节期后预报值和计算值部分相差较大,这可能是由于冬季气温低,冬小麦需水量 ET_c 值较小,整体变幅不大;返青期后气温上升,ET_c 值也急剧增大,变幅也加大。

表 6-10 所示为不同预报时间尺度 1 d、5 d 和 10 d ET_c 预报值和计算值序列的统计比较。两个冬小麦生长季,随着预报时间尺度的增加,平均每天绝对误差(MAE)减小,平均每天均方根误差(RMSE)也减小,而相关系数(r)增大。2012～2013 年,同样与 1 d 的 MAE 相比较,5 d 和 10 d 的 MAE 分别减小 40.7% 和 44.9%;与 1 d 的 RMSE 相比较,5 d 和 10 d 的 RMSE 分别减小 46.7% 和 54.6%;与 1 d 的 r 相比较,5 d 和 10 d 的 r 分别增大 6.5% 和 6.5%。2013～2014 年,与 1 d 的 MAE 相比较,5 d 和 10 d 的 MAE 分别减小 57.1% 和 59.5%;与 1 d 的 RMSE 相比较,5 d 和 10 d 的 RMSE 分别减小 60.4% 和 64.7%;与 1 d 的 r 相比较,5 d 和 10 d 的 r 分别增大 5.3% 和 5.3%。这说明随着时间尺度的增大,ET_c 日值预报值和计算值更接近,预报效果可以满足精度要求。

表 6-10　不同预报时间尺度 ET_c 预报值和计算值序列的统计比较

冬小麦生长季	预报时间尺度	评价指标		
		MAE/(mm/d)	RMSE/(mm/d)	r
2012～2013 年	1 d	0.57	0.98	0.93
	5 d	0.34	0.52	0.99
	10 d	0.31	0.45	0.99
2013～2014 年	1 d	0.56	0.90	0.94
	5 d	0.24	0.36	0.99
	10 d	0.23	0.32	0.99

(三)土壤墒情预测

表 6-11 为广利灌区冬小麦生育期内 30 个监测点每 10 d 土壤含水量预报值、计算值分别与实测值的平均绝对误差(MAE)和平均相对误差值(MARE)。由表 6-12 可知,冬小麦生育期内预报值、计算值分别与实测值的 MAE 最大相差 0.19%,最小相差不足 0.01%;冬小麦生育期内预报值、计算值分别与实测值的 MARE 最大相差 0.8%,最小相差不足 0.1%。总体上,预报值与实测值的 MAE 和 MARE 均大于计算值与实测值的 MAE 和 MARE 值。冬小麦全生育期 30 个监测点平均预报值与实测值的 MAE 比计算值与实测值的高 6.4%,平均预报值与实测值的 MARE 比计算值与实测值的高 4.6%。这说明利用历史气象数据得到的土壤含水量计算值比利用预报气象数据得到的土壤含水量更接近实测土壤含水量,但这种误差很小,预报的结果同样可以达到预期的土壤墒情预测精度。

表 6-11 广利灌区土壤含水量预报值、计算值分别与实测值的统计比较

日期 （年-月-日）	平均绝对误差/（占干土重百分比,%）		平均相对误差/%	
	预报值	计算值	预报值	计算值
2013-10-31	1.24	1.16	6.7	6.3
2013-11-11	1.02	0.99	4.8	4.5
2013-11-21	1.80	1.80	9.7	9.7
2013-12-01	1.42	1.31	6.1	5.5
2013-12-10	1.37	1.31	7.2	6.8
2013-12-20	0.82	0.82	4.7	4.8
2013-12-30	1.30	1.30	6.7	6.6
2014-01-10	1.05	1.02	5.6	5.4
2014-01-20	1.93	1.94	10.1	10.2
2014-02-11	1.21	1.22	5.4	5.4
2014-02-20	1.33	1.16	6.5	5.7
2014-03-02	0.74	0.64	4.1	3.5
2014-03-11	0.45	0.43	2.5	2.4
2014-03-21	1.79	1.75	9.3	9.3
2014-04-02	1.56	1.55	8.7	8.9
2014-04-11	2.00	1.84	9.9	9.1
2014-04-21	1.15	0.96	6.2	5.2
2014-05-01	1.53	1.51	7.5	7.3
2014-05-11	1.46	1.47	7.8	7.9
2014-05-21	1.07	1.04	6.6	6.3
2014-06-01	1.04	0.99	7.2	6.8
全生育期平均	1.30	1.25	6.81	6.56

三、结论与讨论

基于天气预报信息进行土壤墒情预测的误差主要是由于气温预报不准引起的。不同时间尺度预报值与计算值的变化趋势基本一致,从平均绝对误差和均方根误差这两个指标看,1 d、5 d 和 10 d 的 ET_0 和 ET_c 预报精度尚可,但 10 d 相关系数较高。目前,我国气象部门发布的天气预报虽有误差但已达到可利用程度,而且气温预报精度已达到较高水平,本书提出采用基于温度的公式进行预报的方法具有一定的物理基础,且采用天气预报数据更容易获取,总体精度尚可,可以有效减少依赖基于历史时间序列分析计算。

第五节　冬小麦-夏玉米土壤墒情预测软件开发

一、开发背景及主要功能

本系统开发的目的是利用天气预报数据,通过基于天气预报信息估算参考作物需水量(ET_0)的预测模型、基于积温估算夏玉米作物系数的模型和 FAO-56 确定的土壤水分修正因子,采用目前最常用的作物系数法,对夏玉米的耗水量进行实时预测,并通过水量平衡方程实现土壤含水量的实时预报,为灌溉管理层和决策者提供直观的可视化决策依据,指导灌区做到适时适量灌溉,提高灌区灌溉水资源的利用率与利用效率。

基于天气预报的夏玉米耗水量预测系统主要包括以下四个方面的功能:①某时段的参考作物需水量 ET_0 预测;②作物系数 K_c 计算;③作物耗水量 ET_c 预测;④土壤含水量 θ 预测。

二、技术特点

基于.NETFramework4.5 开发的 WindowsForm 应用程序,使用 Access 建立后台数据库,使用 AccessDatabaseEngine 数据库引擎,在不需要安装 MS-OFFICE 办公套件的前提下,软件可执行文件与数据库在同一目录下即可直接连接,大幅度降低了安装难度与部署难度。

采用面向对象的程序设计语言 C#.NET 进行编程,系统可扩展性强;将作物未来几天的耗水量及土壤墒情预测得出。自动抓取互联网上的天气信息,为使用者大大节省了输入时间。软件本身无须安装与部署,直接使用,方便快捷。

三、运行环境

为运行该预测系统,所要求的硬件设备的最小(建议)配置为 2.0 GHz CPU, 512 MB 内存。所需要的支持软件和框架有:①Windows7/Windows8;②AccessDatabaseEngine;③.NETFramework 4.5。在运行本预测系统之前请先安装上述软件。由于.NETFramework4.5 并不支持 Windows XP 操作系统,请使用 Windows7/Windows8 操作系统。

本系统使用的是 Access 数据库,具有安装便捷、使用简单的特点。对于本预测系统,将数据库文件 wheat. accdb 放到可执行文件 Wheat_alpha.exe 同路径下即可,安装 Access-

DatabaseEngine 预测系统会自动与数据库连接,无须其他烦琐操作。

四、系统使用说明

解压并安装 AccessDatabaseEngine 与. NETFramework 4. 5 后双击可执行文件 Wheat_
alpha. exe 将弹出如图 6-18 所示窗口。

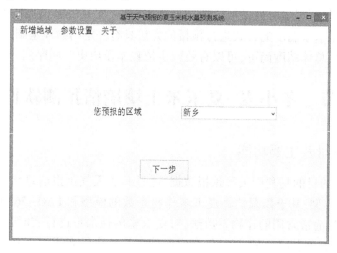

图 6-18　初始界面

在初始界面(见图 6-18)可以选择预报区域,新增地域和修改参数。选定预报区域之
后单击下一步。

预报开始时间是当天。通过控件可以选择冬小麦-夏玉米播种时间。预报开始时土
壤含水量可以手动输入,也可以通过上下箭头调整(见图 6-19~图 6-21)。播种时间选定,
预报开始时土壤含水量确定好之后,单击预测。

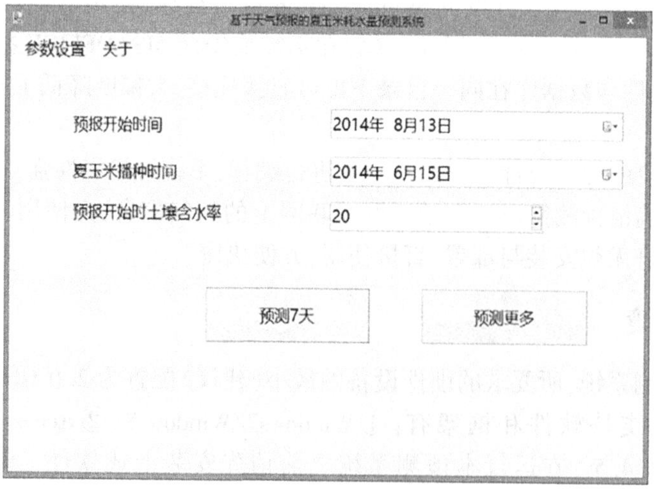

注:图中土壤含水率即土壤含水量,下同。

图 6-19　预测时间界面

图 6-20　作物播种时间设置

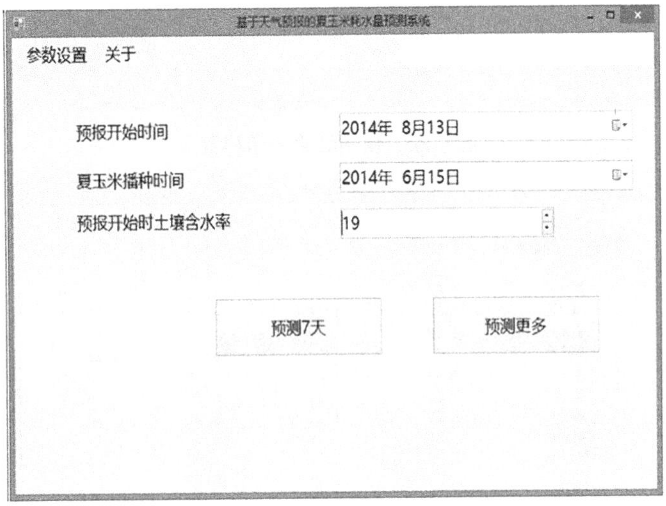

图 6-21　土壤含水率设定

预测结果显示界面分列显示某时段的参考作物需水量 ET_0、作物系数 K_c、耗水量 ET_c,以及预测土壤含水量 θ(见图 6-22)。对预测时常有更多要求的用户可以选择预测更多。单击预测更多按钮。

单击查询天气预报链接可以打开 IE 浏览器查询更多天气数据。15 d 预测结果显示界面分列显示某时段的参考作物需水量 ET_0、作物系数 K_c、耗水量 ET_c,以及预测土壤含水量 θ(见图 6-23)。在初始界面和预测时间界面单击菜单栏的参数设置均可以对指定地区的预测公式中的参数进行修改。修改完成之后单击修改按钮,修改成功(见图 6-24)。

天数	ET₀预测	Kc预测	耗水量预测	土壤含水量预测
第0天	2.95	1.17	3.15	19
第1天	2.69	1.17	5.46	18.62
第2天	2.2	1.18	3.35	17.96
第3天	3.15	1.18	5.62	17.56
第4天	2.11	1.18	2.82	16.88
第5天	2.33	1.18	3.91	16.54
第6天	2.77	1.18	3.89	16.06
第7天	3.46	1.18	4.58	15.59

基于天气预报的冬小麦耗水量预测系统

天数	ET₀预测	Kc预测	耗水量预测	土壤含水量预测
第0天	2.15	1.21	2.6	20
第1天	2.22	1.22	5.5	19.69
第2天	2.63	1.23	4.64	19.02
第3天	2.77	1.24	5.03	18.46
第4天	2.59	1.24	4.43	17.85
第5天	2.27	1.25	3.76	17.32
第6天	2.54	1.26	4.27	16.86
第7天	2.52	1.26	3.79	16.35

基于天气预报的夏玉米耗水量预测系统

图 6-22　预测结果显示界面

天数	ET₀预测	Kc预测	耗水量预测	土壤含水量预测
第0天	2.15	1.24	2.43	19
第1天	2.22	1.25	5.22	18.71
第2天	2.63	1.25	4.41	18.08
第3天	2.77	1.26	4.74	17.54
第4天	2.59	1.26	4.03	16.97
第5天	2.27	1.27	3.58	16.48
第6天	2.54	1.27	3.96	16.05
第7天	2.52	1.27	3.55	15.57
第8天	2.33	1.28	3.22	15.14
第9天	2.31	1.28	3.11	14.76
第10天	2.29	1.28	2.93	14.38
第11天	2.27	1.28	2.78	14.03
第12天	2.25	1.29	2.63	13.69
第13天	2.23	1.29	2.49	13.37
第14天	2.2	1.29	2.35	13.07
第15天	2.18	1.29	2.21	12.79

基于天气预报的夏玉米耗水量预测系统

图 6-23　15 d 预测结果显示界面

　　为增大软件的适应性,在初始界面和预测时间界面单击菜单栏的参数设置均可以对指定地区的预测公式中的参数进行修改。同时在初始界面单击新增地域可以对新增地域的各项参数进行设置后,对新增地域进行预测。

五、应用验证

　　2014 年 8 月 16 日在七里营夏玉米试验区随机选择 12 个监测点,利用烘干取土法确定每个点 0~100 cm 土壤含水量,同时 7 d 后(8 月 23 日)再次取土测墒以验证软件预测精度。通过软件预测分析,结果表明,平均最大绝对误差 2.5%、最小绝对误差 0.1%,12

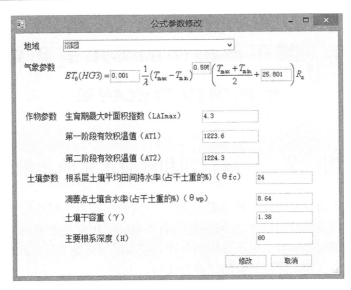

图 6-24　模型参数修改界面

个监测点平均绝对误差 1.1%；平均最大相对误差 17.5%、最小相对误差 1.0%，12 个监测点平均相对误差 7.7%。预测结果满足精度要求。

第七章　基于反推法的冬小麦和夏玉米灌溉预报系统构建

第一节　灌溉日期和灌溉水量的预报

为了满足农作物正常生长发育的需要,任一时段内作物根系吸水层内的储水量必须经常保持在一定的适宜范围以内,实时预报中灌溉指标采用冬小麦不同生育阶段的适宜含水量下限值和田间持水量。灌溉日期即为计划湿润层的土壤水分下降到该生育阶段的适宜含水量下限的日期。灌溉水量的计算公式为

$$I = 1\,000(\theta_j - \theta_{min})H\gamma \qquad (7\text{-}1)$$

式中　I——灌水量,mm;

　　　θ_j——田间持水量;

　　　θ_{min}——作物生育期的适宜含水量下限;

　　　H——计划湿润层深度,m;

　　　γ——土壤干密度,g/cm³ 或 t/m³。

冬小麦和夏玉米不同生育阶段的土壤墒情判别指标,见表 7-1、表 7-2。

表 7-1　冬小麦不同生育阶段的土壤墒情判别指标

控制指标	播种-越冬	越冬-返青	返青-拔节	拔节-抽穗	抽穗-灌浆	灌浆-成熟
土壤墒情判别下限指标（占田间持水量,%）	60~70	55~60	60~65	60~65	65~70	55~60
计划层深度/cm	40	40	40	60	80	80

表 7-2　夏玉米不同生育阶段的土壤墒情判别指标

控制指标	播种-出苗	苗期	拔节-抽雄	抽雄-灌浆	灌浆-成熟
土壤墒情判别下限指标（占田间持水量,%）	70~75	60~65	65~70	70~75	60~65
计划层深度/cm	40	40	60	80	80

第二节　实时灌溉预报的修正

实时灌溉预报的修正是一项非常重要的工作,实时灌溉预报强调正确地估计"初始状态"和掌握最新的预测资料,所以每次土壤含水量实测的结果便是每次预测的初始状态,也就是说,在每次测量得到田间土壤含水量后,下一次的预测就要以此次的实测值为基础,从而确定灌水日期和灌水定额,这样才能做到真正的实时并且准确。由表 7-3 可知,通过实时修正后,预报精度得到了明显提升。

表 7-3　冬小麦生育期土壤墒情预测实时修正和未修正的比较分析

灌区	预测时间尺度	冬小麦返青期前			冬小麦返青期后		
		实时修正后相对误差	未修正相对误差	提高精度	实时修正后相对误差	未修正相对误差	提高精度
广利	10 d	7.51%	—	—	8.49%	—	—
	20 d	8.84%	10.94%	19.20%	9.44%	18.18%	48.07%
	30 d	7.20%	13.20%	45.45%	6.58%	22.77%	71.10%
人民胜利渠	10 d	7.92%	—	—	8.36%	—	—
	20 d	9.75%	13.08%	25.46%	6.56%	17.45%	62.41%
	30 d	6.32%	14.30%	55.80%	6.58%	23.00%	71.39%
	40 d	8.29%	15.695%	47.18%	9.40%	28.42%	66.92%

第三节　灌溉预报系统的建立

灌溉预报系统的建立是进行灌溉预报的基础工作,主要包括以下几方面的内容。

一、基础数据的获得

进行灌溉预报需要较多的数据,如土壤、作物、天气、地下水等。土壤方面的参数包括土壤质地、土壤田间持水量、土壤容重、预报时的初始含水量、作物允许的土壤水分下限指标、计划湿润层深度等。作物方面所需的资料包括作物种类、品种、生育期、不同时间的叶面积指数、作物系数。天气资料包括天气类型、最高温度、最低温度、平均温度、相对湿度、平均风速、蒸发量、日照时数、气压、降雨量等。有关地下水方面的数据主要指地下水位、地下水水质、作物对地下水的利用量等。有些资料需要在实地进行实际测定(如田间持水量、土壤密度等),有些资料是实时数据(如天气类型、降雨量、叶面积指数等),有的需要长系列的历史数据(如计算 ET_0 需要的气象资料)。

二、预报模型的选择

在进行灌溉预报时,需要选择适宜的预报模型,一般采用水量平衡方程建立实时预报模型。灌溉预报实际上是在墒情预报的基础上,结合天气预报(特别是降雨预报)和水情预报进行的。因此,在灌溉预报过程中准确确定未来时段的气象状况是至关重要的。在预报过程中,作物耗水量 ET_c 的估算非常重要,ET_c 可用作物系数法求得。参考作物需水量 ET_0 一般选择基于天气预报可测因子的模型进行计算,精度比较高。作物系数 K_c 可以通过两种方式获取:一是采用预测模型通过计算获得不同作物在不同生育阶段的作物系数;二是通过 FAO 推荐的分段单值平均法,查询其中的作物系数值,然后通过修正得到最终的 K_c 值。本书采用了基于有效积温的作物系数模拟模型求得。

墒情预报主要是田间持水量的预报,即对作物根系层土壤水分增长和消退过程进行预报,是进行适时适量灌水的基础。影响土壤水分状况的因素很多,有气象、土壤、作物和田间用水管理等。在进行实时墒情预报时所需的初始土壤含水量可以通过上述介绍的土壤水分测定方法实测获得,如取土烘干法、驻波法和遥感法等,也可用上次预报的墒情结果作为初始含水量,但为了提高预报的精度,采用实测土壤含水量作为初始含水量是非常必要的。

灌溉预报模型的选择是一项非常重要的工作,选择适宜的模型计算所需的参数可以获得较高的预报精度。预报模型的选择是否合适往往需要经过试验来验证。从本书来看,通过试验验证表明,所选的灌溉预报模型是适宜的,预报的精度比较高。

灌溉决策系统整体框架如图 7-1 所示。

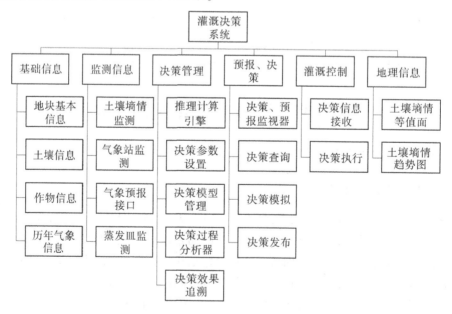

图 7-1　灌溉决策系统结构框图

基于水量平衡原理,通过上次灌水时间和作物耗水规律,反推导出冬小麦和夏玉米灌溉预报时间。在此基础上,编制系统程序并成功申报软件著作权。基于反推法的冬小麦和夏玉米灌溉预报系统主要包括以下功能:利用实际气象数据信息进行一次灌水后作物每天耗水量估算,同时记录期间降雨量,对下一次灌水时间进行预报。系统操作简单,适应性和应用性较强。

第四节　基于反推法的冬小麦和夏玉米灌溉预报系统

一、原理与方法

通常农田灌溉预报方法是通过农田土壤水分观测得知现在的农田观测点土壤水分含量并预报未来时段内农田土壤水分是否会降到作物适宜土壤水分控制下限,根据 W_t 可能出现的日期定为灌水日。我们将这种通常的预报工作方法称为正推法。由于正推法在实际应用中存在如何及时准确获得预报模型中需要的各项参数,如何消除单项预报值偏差的影响等问题,实际预报工作开展十分困难,因此根据地区的实际情况提出用反推法进行农田灌溉预报。

反推法具体思路如下:①先假定某一块农田土壤水分已降至适宜土壤水分下限值,用反推方程求出这一块农田的上次灌水日期,以此确定土壤水分降至下限值的田块;②根据作物耗水量模型估算灌水后时段内耗水量(ET_c),并且把耗水量估算值与降雨量实测值、预报值(P)进行比较,如 $ET_c > P$ 则应当灌水,如 $ET_c < P$ 则不灌水;③如预报判别结果 $ET_c > P$,则计算应灌水量并发出预报。

反推方程的建立与推导,主要基于农田土壤水量平衡方程:
$$-(W_t - W_{t+1}) = P + I + (S_i - S_{i-1}) - n \cdot ET_c \tag{7-2}$$
式中　W_t 和 W_{t+1}——时段初和时段末农田土壤储水量 mm;

　　　P——时段内有效降水量,mm;

　　　I——时段内农田灌溉供水量,mm;

　　　S_i——土壤下层向作物根系层供水量,mm;

　　　S_{i-1}——作物根系层向下层的渗漏量,mm;

　　　n——时段天数,d;

　　　ET_c——时段内农田作物日耗水量,mm/d。

根据试验区作物生育期的实际情况,水量平衡方程中有下列几项可做特别处理:①试验区地下水位平均在5 m以下,地下水向作物根系层供水量极小,可视为零。在试区内都实行有计划的节水灌溉,因此灌水量适宜,不会产生深层渗漏,因此 $S_i - S_{i-1} = 0$。②降雨在作物生育期内不会产生地表径流和深层渗漏,因此认为降雨量全部有效。③在反推法中假设条件时段内没有灌溉,因此 $I = 0$。在反推方法中,W_t 为农田灌溉后多点取土平均农田储水量,W_{t+1} 是根据农田灌溉试验研究成果确定的作物适宜土壤水分控制下限。根

据以上几项实际分析可将式(7-2)简化为

$$-(W_t - W_{t+1}) = P - n \cdot ET_c \qquad (7\text{-}3)$$

将式(7-3)推导成计算 n 的方程:

$$n = \frac{W_t - W_{t+1} + P}{ET_c} \qquad (7\text{-}4)$$

对于 ET_c 的确定,这里选用本书研究的作物耗水量估算模型成果,其中, ET_0 采用最新修正 PM-FAO56 公式进行计算。

二、基于反推法的冬小麦和夏玉米灌溉预报系统开发软件

(一)开发背景及主要功能

在基于反推法的冬小麦和夏玉米灌溉预报系统中,用户需要输入作物播种时间、灌水时间、作物播种至预报时间内的实际每天气象数据,利用实际气象数据信息进行一次灌水后作物每天耗水量估算,同时记录期间降雨量;直至作物耗水量减去降雨量接近上一次灌水量(误差在 10 mm)。主要包括以下功能:利用实际气象数据信息进行一次灌水后作物每天耗水量估算,同时记录期间降雨量,对下一次灌水时间进行预报。

(二)系统使用说明

以夏玉米为例,解压并安装 AccessDatabaseEngine 与.NETFramework 4.5 后双击可执行文件 Corn_Alpha_2.exe 将弹出如图 7-2 所示窗口。

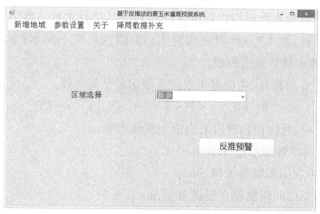

图 7-2　初始界面

在初始界面可以选择预报区域,新增地域,修改参数和降雨数据补充。选定预报区域之后单击反推预警。

预报开始时,还需要补充降雨数据,单击添加数据。降雨数据补充在路径中寻找符合格式规范的 Excel 文件,然后单击打开,导入数据(见图 7-3)。

预报开始时间是灌水当天。通过控件可以选择夏玉米播种时间。然后,确定上次灌水时间以及灌水量,单击开始(见图 7-4)。预警结果显示界面弹出消息框告诉用户下一次灌溉的日期(见图 7-5)。

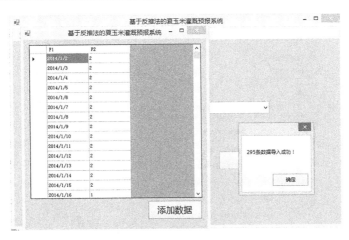

图 7-3　降雨数据导入

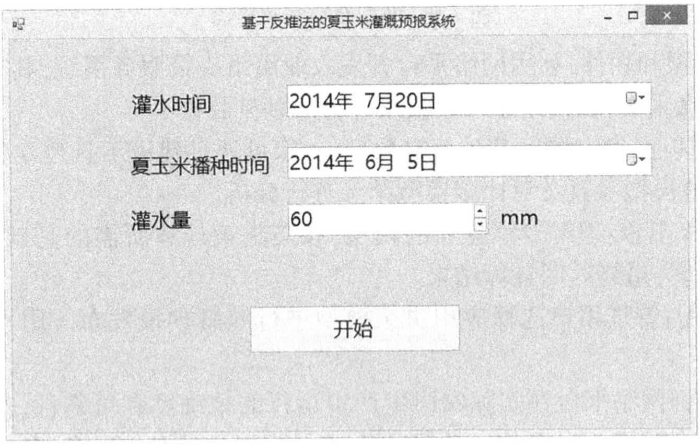

图 7-4　预测界面

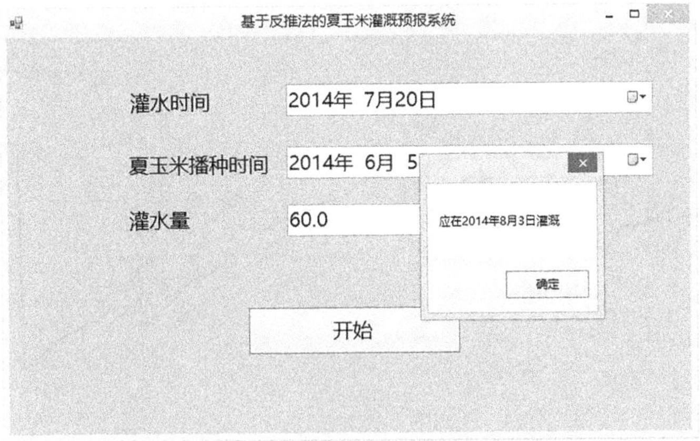

图 7-5　灌溉预报结果显示

　　为增大软件的适应性,在初始界面和预测时间界面单击菜单栏的参数设置均可以对指定地区的预测公式中的参数进行修改(见图 7-6)。同时在初始界面单击新增地域可以对新增地域的各项参数进行设置后,对新增地域进行预测。

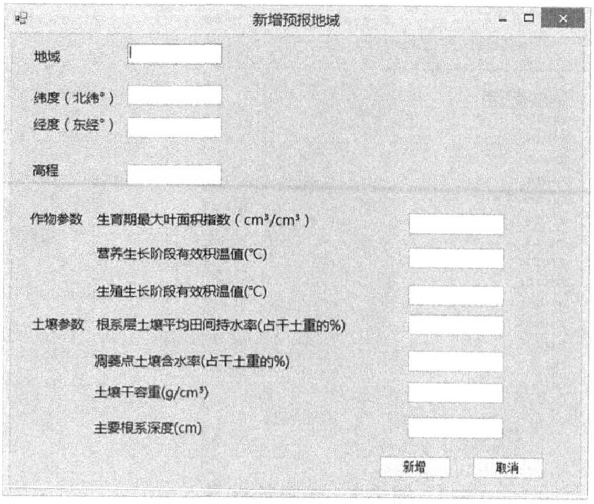

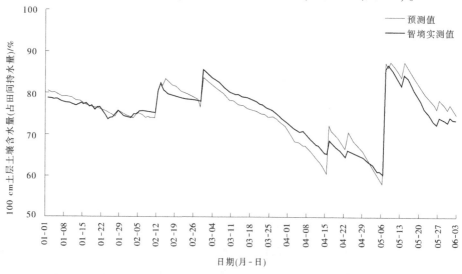

图 7-6　模型参数修改界面

基于以上模型和软件,利用网络平台开发农业灌溉决策服务系统,其功能设计包括:

(1)基础信息采集:收集用于决策模型计算的基础数据。

(2)专家工具:向专家提供基础信息数据,专家可通过建模工具建立各种模型并进行模拟和调试,调整模型参数及对比多模型结果进行分析。

(3)模型计算引擎:理解专家建立的模型,收集决策计算所需的基础数据,按照模型的推理树进行计算,最终返回计算结果。

(4)决策应用:管理用户选择应用决策模型进行灌溉预报发布。用水户根据预报制订灌溉计划。

为进一步验证网络平台在实际农田生产中运行的精确度和可靠性,2015～2016年在七里营试验基地布置了2台定位土壤剖面含水量实时监测仪(智墒,东方润泽生态仪器有限公司生产),测定深度为100 cm,数据采集间隔为2 h(见图7-7、图7-8)。

图 7-7　2015～2016 年七里营试验基地冬小麦土壤墒情数据分析

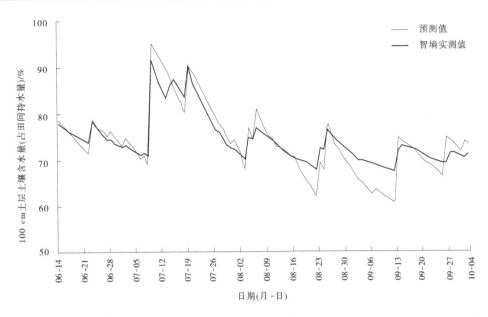

图 7-8 2016 年七里营试验基地夏玉米土壤墒情数据分析

通过七里营试验区冬小麦生育期土壤墒情日实测数据与平台预测值比较,结果表明,冬小麦生育期平均最大绝对误差 4.6%(占田间持水量百分比,下同)、最小绝对误差 0.1%,整个生育期平均绝对误差 1.9%;平均最大相对误差 7.0%、最小相对误差 0.1%,整个生育期平均相对误差 2.5%。网络平台预测精度基本可以满足需要。

通过七里营试验区夏玉米生育期土壤墒情日实测数据与平台预测值比较,结果表明,夏玉米生育期平均最大绝对误差 6.5%、最小绝对误差 0.1%,整个生育期平均绝对误差 2.2%;平均最大相对误差 9.6%、最小相对误差 0.1%,整个生育期平均相对误差 2.9%。网络平台预测精度基本可以满足需要。

参 考 文 献

[1] Adel Z T,Anyoji H, Yasuda H. Fixed and variable light extinction coefficients for estimating plant transpiration and soil evaporation under irrigated maize[J]. Agricultural water management, 2006, 84: 186-192.

[2] Allen R G,Rase D, Smith M. Crop evapotranspiration guidelines for computing crop water requirements [M]. FAO Irrigation and Drainage Paper 56, 1998.

[3] Arnáez J, Larreab V, Ortigosa L. Surface runoff and soil erosion on unpaved forest roads from rainfall simulation tests in northeastern Spain[J]. Catena, 2004, 57: 1-14.

[4] Arnaez J, Lasanta T, Ruiz-Flano P, et al. Factors affecting runoff and erosion under simulated rainfall in Mediterranean vineyards[J]. Soil & Tillage Research, 2007, 93: 324-334.

[5] Brunone B, Ferrante M, Romano N, et al. Numerical simulations of one-dimensional infiltration into layered soils with the Richards equation using different estimates of the interlayer conductivity[J]. Vadose Zone Journal , 2003, 2: 193-200.

[6] Calvo-Cases A, Boix-Fayos C, Imeson A C. Runoff generation, sediment movement and soil water behavior on calcareous (limestone) slopes of some Mediterranean environments in southeast Spain[J]. Geomorphology, 2003, 50: 269-291.

[7] Castillo V M,Cómez-Plaza A, Martínez-Mena M. The role of antecedent soil water content in the response of semiarid catchments: A simulation approach[J]. Journal of Hydrology, 2003, 284: 114-130.

[8] Chen H S, Shao M A, Li YY. The characteristics of soil water cycle and water balance on steep grassland under natural and simulated rainfall conditions in the Loess Plateau of China[J]. Journal of Hydrology, 2008, 360(14): 242-251.

[9] Christiansen J R,Elberling B, Jansson P-E. Modelling water balance and nitrate leaching in temperate Norway spruce and beech forests located on the same soil type with the CoupModel[J]. Forest Ecology and Management, 2006, 237: 545-556.

[10] Edraki M, Land C, Water. Validation of the SWAGMAN Farm and SWAGMAN Destiny models[M]. CSIRO Landand Water, 2003.

[11] Elmaloglou S, Diamantopoulos E. The effect of intermittentwater application by surface point sources on the soil moisture dynamics and on deep percolation under the root zone[J]. Computers and Electronics in Agriculture, 2008, 62: 266-275.

[12] Elmaloglou S, Malamos N. A method to estimate soil-water movement under a trickle surface line source, with water extraction by roots[J]. Irrigation and Drainage, 2003, 52(3): 273-284.

[13] Fu B, Wang Y k , Xu P, et al. Changes in overland flow and sediment during simulated rainfallevents on cropland in hilly areas of the Sichuan Basin, China[J]. Progress in Natural Science, 2009, 19: 1613-1618.

[14] Gómez J A, Nearing M A. Runoff and sediment losses from rough and smooth soil surfaces in a laboratory experiment[J]. Catena, 2005, 59: 253-266.

[15] Hikaruk, Yoshinori S, Tomonori K, et al. Relationship between annual rainfall and interception ratio for forests across Japan[J]. Forest Ecology and Management, 2008, 256(8): 1189-1197.

[16] Huang G H, Zhang R D, Huang Q Z. Modeling soil water retention curve with a fractal method[J].

Pedosphere, 2006, 16(2): 3-12.

[17] Imeson A C, Prinsen H A M. Vegetation Patterns as Biological Indicators for Identifying Runoff and Sediment Source and Sink Areas for Semi-arid Landscapes in Spain[J]. Agriculture Ecosystems and Environment, 2004, 104: 333-342.

[18] Jin K, Wim M C, Donald G, et al. Soil management effects on runoff and soil loss from field rainfall simulation[J]. Catena, 2008, 75: 191-199.

[19] Kang Y H, Wang Q G, Liu H J. Winter wheat canopy interception with its influence factors under sprinkler irrigation[J]. Agricultural Water Management, 2005, 74: 189-199.

[20] Leonard J, Ancelin O, Ludwig B, et al. Analysis of the dynamics of soil infiltrability of agricultural soils from continuous rain-fall-runoff measurements on small plots[J]. Journal of Hydrology, 2006, 326(1/4): 122-134.

[21] Limousin L M, Rambal S, Ourcival J M, et al. Modelling rainfall interception in a Mediterranean Quercus ilex ecosystem: Lesson from a throughfall exclusion experiment[J]. Journal of Hydrology, 2008, 357: 57-66.

[22] Liu Z, A Qin, D Ning, et al. 2016b. Subsoiling effects on grain yield and water use efficiency of spring maize in northern China. Int. Agric. Engin. J. 25(2):9-19.

[23] Ma Y, Feng S Y, Su D Y, et al. Modeling water infiltration in a large layered soil column with a modified Green-Ampt model and HYDRUS-1D[J]. Computers and Electronics in Agriculture, 2010, 71S: S40-S47.

[24] Mengting Chen, Yufeng Luo, Yingying Shen, et al. Driving force analysis of irrigation water consumption using principal component regression analysis[J]. Agricultural Water Management, 2020, 234(C).

[25] Muzylo A, Llorens P, Valente F, et al. A review of rainfall interception modelling [J]. Journal of Hydrology, 2009(370): 191-206.

[26] Pachepsky Y, Timlin D, Rawls W. Generalized Richards' equation to simulate water transport in unsaturated soils[J]. Journal of Hydrology, 2003, 272: 3-13.

[27] Pan C Z, Shangguan Z P. Runoff hydraulic characteristics and sediment generation in sloped grassplots under simulated rainfall conditions[J]. Journal of Hydrology, 2006, 331: 178-185.

[28] Pappas E A, Smith D R, Huang C, et al. Impervious surface impacts to runoff and sediment discharge under laboratory rainfall simulation[J]. Catena, 2008, 72: 146-152.

[29] Self-Davis M L, Moore Jr P A, Daniel T C, et al. For-age species and canopy cover effects on runoff from small plots [J]. Journal of Soil and Water Conservation, 2003(6): 349-358.

[30] Simunek J M, Sejna H, Saito M, et al. The HYDRUS-1D software package for simulating the one-dimensional movement of water, heat, and multiple solutes in variably-saturated media [M]. California: Department of Environmental Sciences University of California Riverside, 2008.

[31] Singh A K, Tripathy R, Chopra U K. Evaluation of CERES-Wheat and CropSyst models for water-nitrogen interactions in wheat crop[J]. Agricultural Water Management, 2008, 95: 776-786.

[32] Yang Yang, Yufeng Luo, Conglin Wu, et al. Evaluation of six equations for daily reference evapotranspiration estimating using public weather forecast message for different climate regions across China[J]. Agricultural Water Management, 2019, 222.

[33] Zhao PP, Shao M A, Melegy A A. Soil water distribution and movement in layered soils of a dam farmland[J]. Water Resources Management, 2010, 24(14): 3871-3883.

[34] 包含,侯立柱,刘江涛,等. 室内模拟降雨条件下土壤水分入渗及再分布试验[J]. 农业工程学报,

2011,27(7):70-75.

[35] 蔡太义,贾志宽,孟蕾,等. 渭北旱塬不同秸秆覆盖量对土壤水分和春玉米产量的影响[J]. 农业工程学报,2011,27(3):43-48.

[36] 陈洪松,邵明安,王克林. 土壤初始含水率对坡面降雨入渗及土壤水分再分布的影响[J]. 农业工程学报,2006,22(1):45-47.

[37] 陈洪松,邵明安,张兴昌,等. 野外模拟降雨条件下坡面降雨入渗、产流试验研究[J]. 水土保持学报,2005,19(2):5-8.

[38] 陈洪松,邵明安. 黄土区坡地土壤水分运动与转化机理研究进展[J]. 水科学进展,2003,14(4):513-520.

[39] 丛振涛,雷志栋,杨诗秀. 基于SPAC理论的田间腾发量计算模式[J]. 农业工程学报,2004,20(2):6-9.

[40] 段爱旺,孙景生,张寄阳. 作物水分供需分析中使用平均ET0的误差分析[J]. 灌溉排水学报,2000,19(3):12-15.

[41] 段爱旺. 作物群体叶面积指数的测定[J]. 灌溉排水学报,1996,15(1):50-53.

[42] 段爱旺. 浅谈节水农业的内涵与技术体系构成[J]. 灌溉排水学报,2003,22(1):35-40.

[43] 段爱旺. 作物群体叶面积指数的测定[J]. 灌溉排水学报,1996,15(1):50-53.

[44] 樊引琴,蔡焕杰,王健. 冬小麦棵间蒸发的试验研究[J]. 灌溉排水学报,2000,19(4):1-4.

[45] 樊引琴,蔡焕杰. 单作物系数法和双作物系数法计算作物需水量的比较研究[J]. 水利学报,2002(3):50-55.

[46] 高阳. 玉米/大豆条带间作群体PAR和水分的传输与利用[D]. 北京:中国农业科学院,2009.

[47] 耿晓东,郑粉莉,张会茹. 红壤坡面降雨入渗及产流产沙特征试验研究[J]. 水土保持学报,2009,23(4):39-43.

[48] 郭向红,孙西欢,马娟娟. 降雨灌溉蒸发条件下苹果园土壤水分运动数值模拟[J]. 农业机械学报,2009,40(11):68-73.

[49] 李春杰,任东兴,王根绪,等. 青藏高原两种草甸类型人工降雨截留特征分析[J]. 水科学进展,2009,20(6):769-774.

[50] 李洪,黄国强,李鑫钢. 自然条件下土壤不饱和区中水含量分布模拟[J]. 农业环境科学学报,2004,23(6):1232-1234.

[51] 李王成,黄修桥,龚时宏,等. 玉米冠层对喷灌水量空间分布的影响[J]. 农业工程学报,2003,19(3):59-62.

[52] 李艳,王式功,马玉霞. 全球气候变暖对我国小麦的影响研究综述. 环境研究与监测,2006,19(2):11-13.

[53] 李毅,邵明安. 人工草地覆盖条件下降雨入渗影响因素的实验研究[J]. 农业工程学报,2007,23(3):18-23.

[54] 李毅,邵明安. 雨强对黄土坡面土壤水分入渗及再分布的影响[J]. 应用生态学报,2006(17)12:2271-2276.

[55] 李毅,王全九,王文焰,等. 入渗、再分布和蒸发条件下一维土壤水运动的数值模拟[J]. 2007,26(1):5-8.

[56] 李裕元,邵明安. 降雨条件下坡地水分转化特征实验研究[J]. 水利学报,2004(4):48-53.

[57] 林超文,罗春燕,庞良玉,等. 不同覆盖和耕作方式对紫色土坡耕地降雨土壤蓄积量的影响[J]. 水土保持学报,2010,24(3):213-216.

[58] 林忠辉,项月琴,莫兴国,等. 夏玉米叶面积指数增长模型的研究. 中国生态农业学报,2003,11(4):

69-72.

[59] 刘德地,陈晓宏.咸潮影响区的水资源优化配置研究[J].水利学报,2007,38(9):1050-1055.

[60] 刘汗,雷廷武,赵军.土壤初始含水率和降雨强度对黏黄土入渗性能的影响[J].中国水土保持科学,2009,7(2):1-6.

[61] 刘峻杉,高琼,郭柯,等.毛乌素裸沙丘斑块的实际蒸发量及其对降雨格局的响应[J].植物生态学报,2008,32(1):123-132.

[62] 刘铁梅,曹卫星,罗卫红,等.小麦叶面积指数的模拟模型研究.麦类作物学报,2001,21(2):38-41.

[63] 刘婷,贾志宽,张睿,等.秸秆覆盖对旱地土壤水分及冬小麦水分利用效率的影响[J].西北农林科技大学学报(自然科学版),2010,38(7):68-76.

[64] 刘新平,张铜会,赵哈林,等.流动沙丘降雨入渗和再分配过程[J].水利学报,2006,37(2):166-171.

[65] 刘战东,秦安振,宁东峰,等.降雨级别对农田蒸发和土壤水再分布的影响模拟[J].灌溉排水学报,2016,35(8):1-8.

[66] 刘战东,刘祖贵,南纪琴,等.高产条件下夏玉米需水特征及农田水分管理[J].灌溉排水学报,2013,32(4):6-10.

[67] 刘战东,刘祖贵,宁东峰,等.深松耕作对玉米水分利用和产量的影响[J].灌溉排水学报,2015,34(5):6-12.

[68] 刘战东,刘祖贵,秦安振,等.麦田降雨入渗特征及其计算模型[J].水土保持学报,2014,28(3):7-13.

[69] 刘战东,刘祖贵,秦安振,等.黄淮海地区基于温度的 ET_0 计算方法比较及修正[J].节水灌溉,2014(4):1-6.

[70] 刘战东,刘祖贵,张寄阳,等.夏玉米降雨冠层截留过程及其模拟[J].灌溉排水学报,2015,34(7):13-17.

[71] 刘战东,秦安振,刘祖贵,等.深松耕作对夏玉米生长生理指标和水分利用的影响[J].灌溉排水学报,2014,33(4/5):378-381.

[72] 尚松浩,雷志栋,杨诗秀.冬小麦田间墒情预报的经验模型[J].农业工程学报,2000,16(5):31-33.

[73] 尚松浩,毛晓敏,雷志栋,等.冬小麦田间墒情预报的BP神经网络模型[J].水利学报,2002(4):60-63.

[74] 孙景生,刘祖贵,张寄阳,等.风沙区参考作物需水量的计算[J].灌溉排水,2002,21(2):17-24.

[75] 孙丽,陈焕伟,赵立军,等.遥感监测旱情的研究进展[J].农业环境科学学报,2004,23(1):202-205.

[76] 王爱娟,章文波.林冠截留降雨研究综述[J].水土保持研究,2009,16(4):55-59.

[77] 王安志,刘建梅,裴铁璠,等.云杉截留降雨实验与模型[J].北京林业大学学报,2005,27(2):38-42.

[78] 王迪,李久生,饶敏杰.喷灌冬小麦冠层截留试验研究[J].中国农业科学,2006,39(9):1859-1864.

[79] 王迪,李久生,饶敏杰.玉米冠层对喷灌水量再分配影响的田间试验研究[J].农业工程学报,2006,22(7):43-47.

[80] 王俊,李凤民,宋秋华,等.地膜覆盖对土壤水温和春小麦产量形成的影响[J].应用生态学报,2003,14(2):205-210.

[81] 王新平,李新荣,康尔泗,等.腾格里沙漠东南缘人工植被区降水入渗与再分配规律研究[J].生态学报,2003,23(6):1234-1241.

[82] 王育红,姚宇卿,吕军杰. 残茬和秸秆覆盖对黄土坡耕地水土流失的影响[J]. 干旱地区农业研究, 2002,20(4):109-111.

[83] 王占礼,靳雪艳,马春艳,等. 黄土坡面降雨产流产沙过程及其响应关系研究[J]. 水土保持学报, 2008,22(2):24-28.

[84] 王兆伟,郝卫平,龚道枝,等. 秸秆覆盖量对农田土壤水分和温度动态的影响[J]. 中国农业气象, 2010,31(2):244-250.

[85] 吴希媛,张丽萍. 降水再分配受雨强、坡度、覆盖度影响的机理研究[J]. 水土保持学报,2006,20 (4):28-30.

[86] 武继承,管秀娟,杨永辉. 地面覆盖和保水剂对冬小麦生长和降水利用的影响[J]. 应用生态学报, 2011,22(1):86-92.

[87] 徐丽宏,时忠杰,王彦辉,等. 六盘山主要植被类型冠层截留特征[J]. 应用生态学报,2010,21 (10):2487-2493.

[88] 杨燕山,陈渠昌,郭中小,等. 内蒙古西部风沙区耕地有效降雨量适宜计算方法[J]. 内蒙古水利, 2004(1):67-70.

[89] 杨永辉,武继承,吴普特,等. 秸秆覆盖与保水剂对土壤结构、蒸发及入渗过程的作用机制[J]. 中国水土保持科学,2009,7(5):70-75.

[90] 张杰,任小龙,罗诗峰,等. 环保地膜覆盖对土壤水分及玉米产量的影响[J]. 农业工程学报,2010, 26(6):14-19.

[91] 张焜,张洪江,程金花,等. 重庆四面山三种人工林林冠截留效应研究[J]. 水土保持研究,2011,18 (1):201-204.

[92] 张树兰,Lovdahl L,同延安. 渭北旱塬不同田间管理措施下冬小麦产量及水分利用效率[J]. 农业工程学报,2005,21(4):28-32.

[93] 张银锁,宇振荣,MDriessen. 夏玉米植株及叶片生长发育热量需求的试验与模拟研究[J].应用生态学报,2001,12(4):561-565.

[94] 张展羽,赖明华,朱成立. 非充分灌溉农田土壤水分动态模拟模型[J].灌溉排水学报,2003,22(1): 22-25.

[95] 郑文杰,郑毅,Fullen M A,等. 模拟降雨条件下秸秆编织地表覆盖物对土壤侵蚀和小麦产量的影响[J]. 土壤通报,2006,37(5):969-972.

[96] 卓丽,苏德荣,刘自学,等. 草坪型结缕草冠层截留性能试验研究[J]. 生态学报,2009,29(2):669-675.

[97] 邹焱,陈洪松,苏以荣,等. 红壤积水入渗及土壤水分再分布规律室内模拟试验研究[J].水土保持学报,2005,19(3):174-177.